# 30歲

健康學習手冊

胡建夫◎著

原書名：30歲大修身體

# 前　言

　　30 歲是人體大多數器官衰老的起點。從 30 歲起，耳鼓和中耳聽骨的彈性就開始減弱，聽力也跟著開始減弱；大腦的重量也從最重的 1600 克開始減輕；我們常說的「老眼昏花」雖然到 40 歲時才被察覺，其實也是從 30 歲起就開始變化；至於骨骼、心臟、關節、內分泌系統等器官，也是從 30 歲便開始慢慢退化。在身體衰老的同時，各種疾病也隨之而來。

　　從 30 歲開始，人體基礎代謝率每 10 年降低約 2 ％；肺功能開始下降；小腹容易凸起，有發胖趨勢；胃腸疾病日益明顯；掉髮正呈現出年輕化的趨勢；年輕女性乳腺癌發病率不斷上升；30 歲左右的年輕人罹患腸道腫瘤的機率增加；尤其是高血壓，發病年齡不斷提前，20 歲以下高血壓發病率為 3.11 ％，30 歲～39 歲上升到 4.95 ％。

　　過了 30 歲，原本光潔、緊致的眼瞼有些浮腫了，掉髮也開始增多，這是腎臟功能開始減退的預警。中醫典籍上說：「腎主水液，藏精納氣，開竅於耳、司二陰。」腎氣的強弱，在眼瞼和頭髮上表現得最明顯。女性腎氣最盛的時期是 20 歲左右，25 歲之後，就開始漸漸衰退，如果用力梳頭，頭髮掉落量明顯多於從前，如果同時出現晨起時的眼瞼水腫，說明腎臟不能夠借助尿液的生成及時排出身體內的毒素，功能正在減退中。

30 歲以後，人體內的雌激素處於相對的高水準期，所以女性還易引起各種乳腺疾病，乳腺增生對於女性來說並不少見，特別是 30 歲以上的女性都會或多或少地罹患此病。

常言道：「三十歲前你找病，三十歲後病找你。」三十歲左右的人，常常感覺肩、背部酸痛，這是因為繁重的工作和精神壓力，使身體長期處於緊張狀態，消耗了大量的能量，在氧化反應所供應的能量不足的情況下，產生疲勞感，久而久之，會對局部細胞造成不利的傷害，肩周炎就此將伴隨你終生，揮之不去。

還有的年輕人經常埋頭工作，耽誤了吃飯時間，就用速食產品打發；早晨匆匆起床，不吃早餐。久而久之，飲食不規律加上營養不均衡，胃脹、胃痛、消化不良等症狀會漸漸出現。專家指出，近年來罹患慢性胃炎、慢性腸炎、胃潰瘍的年輕人越來越多。由於長期不吃早餐等種種

不良習慣，也使得結石病悄悄找上了一些年輕人。而膽結石、腎結石往往在患病初期沒有任何症狀，導致許多忙於工作的年輕人因此錯過最佳治療時間。

此外，有的人工作忙碌，人卻開始發胖；大腹便便，體重總是減不下來。這種人體脂質代謝異常，會使人過早出現動脈硬化、冠心病、腦梗塞、糖尿病等多種疾病。而高血壓、高膽固醇、冠心病等過去50歲以上的人才會罹患的心血管疾病，現在正出現在一些30多歲的年輕人身上。

三十歲前你蹧蹋身體，四十歲後身體就蹧蹋你。對於埋頭工作的年輕人來說，忽視自己健康的同時，也忽視了潛藏著的疾病。也許一些容易忽略的「小毛病」，正是你的身體在悄悄向你發出警訊。

如果能夠定期體檢，就能及早發現一些疾病和徵兆，做到「有病防變，未病先防」。除了定期體檢外，三十歲的人群還應注意以下方面的保健：

1.全面膳食，以「五穀為養，五果為助，五畜為益，五菜為充，氣味合而服之，以補精益氣。」這樣配製的膳食，可以提供人體所需要的大部分營養素，有益於身體健康。

2.經常運動,保持良好的體力,使食量與體力活動平衡,保持適宜體重,但注意運動不要過度。

3.精神方面要求暢達樂觀,保持積極向上的心態。

4.性生活適度,注意生殖系統的衛生保健。

到了 30 歲,身體的信號燈開始閃爍,為了自己的健康,立即行動吧!不論你處於30歲以後的哪個階段,抽出一天時間,到醫院做一次全面身體檢查,以早期發現身體潛在的疾病,做到早期診斷,早期治療,進而達到預防保健和養生的目的。

# 目 錄

# 第一章

# 30歲，你瞭解自己的身體嗎？

過了30歲，就得開始關心自己的身體了。因為，從這時起，身體的代謝機能與細胞活動機能開始走下坡，如果再不開始關注並保養身體，疾病從此就根深蒂固了。

隨著年齡的增長，健康成了我們越來越關心的話題，到了30歲，當愛情已塵埃落定，當事業漸入佳境，身體也進入了多事之秋，充分瞭解自己的身體，掌握30歲人特有的健康弱點，應該是頭等大事了。30歲，愛惜自己的內容之一，就是不要忽視自己身體的細節問題，定期檢查，防患於未然。

30歲起，耳鼓和中耳聽骨的彈性就開始減弱，聽力開始走下坡；大腦的重量也從最重的1600克開始減輕；我們常說的「老眼昏花」雖然到40歲時才被察覺，其實也是從30歲起就開始變化；至於骨骼、心臟、關節、內分泌系統等器官，也是從30歲便結束了它們的青春年華。值得一提的是，這種種衰老只要早期注意，是可以延緩其發生的。

## 1.滋潤臟器，主動飲水

水被喻為生命的潤滑劑。所謂主動，一是在四個最佳飲水時間，即早上起床後、上午10時、下午3～4時和晚上睡前按時喝水，做到時間「主動」。主動飲水之所以被視為長壽要訣，是因為大量飲水可以滿足細胞內的水分不斷更新的需求。

## 2.延緩衰老，運動雙腿

因為運動減少，使人肌肉萎縮、脂肪增加、血管被「拉」長，心臟也不堪重負，成為心血管衰老的重要原因。因此，「大修」的重點之一就是多做運動，每天走 1 萬步，是防老保健的必修課。

## 3.飲食保健，多吃核酸

現代人活不到預期的 120 歲，最大的障礙是心血管疾病和細胞癌變，而多吃富含核酸的食物，如蔬菜、水果、蘑菇、木耳、花粉及煮得很老的雞蛋，就有利於修復損傷的基因，防止心血管疾病和提高免疫力，並預防細胞癌變。

## 4.生命不「透支」，精神常放鬆

如果每週5天的工作時間不得不「透支」的話，那麼務必在雙休日有個「雷打不動」的屬於自己支配的補償時間，給緊張、疲憊的身心一個寧靜的港灣，就像把它送到「大修工廠」保養那樣。

## 30歲，人類衰老的分水嶺

過了30歲，就得開始關心自己的身體了。因為，從這時起，身體的代謝機能與細胞活動機能開始走下坡，如果再不開始關注並保養身體，疾病從此就根深蒂固了。

女人過了30歲，原本光潔、緊致的眼瞼有些浮腫了，掉髮開始增多，這是腎臟功能開始減退的預警。

皮膚乾燥易發皰疹，這是健康狀況變差的信號，免疫力降低的表徵。研究顯示精神壓力太大與激素水準過高則是皰疹、潰瘍等皮膚疾病的誘因。30歲的女人，要注意放鬆心情，緩解壓力，多休息，保證足夠的睡眠時間。

30歲的女人常常感覺肩、背部酸痛，這是因為繁重的工作和精神壓力，使身體長期處於緊張狀態，消耗了大量的能量，在氧化反應所供應的能量不足的情況下，產生疲勞感，這個年齡層的女性容易被肩周炎所困擾。

男性和女性一樣，到了30歲，身體就開始走下破。研究資料顯示，男性從30歲開始身體機能及健康狀況便開始下滑，視力眼球晶狀體隨年齡增長不斷變厚，男子50歲以後會逐漸出現明顯視力衰退和聚焦不準。

頭髮隨著年齡的增加，男性頭皮上毛囊的數量日益減少，頭髮越來越少，頭髮的生長速度也越來越慢，禿頭的男性越來越多。

男性20歲以後心臟在劇烈運動時的調節能力越來越低。一個20歲的年輕人運動時每分鐘心率最快可達200次，30歲時減少至140次，以後每增加10歲，心臟每分鐘最快跳動次數減少10次。

30歲男子聽力鼓膜變厚，耳道萎縮變窄，對音調的辨別能力尤其是高頻聲音的辨別越來越困難。這種狀況在60歲後變得日益明顯。

30歲男子肌肉與骨骼逐漸萎縮軟弱，骨骼發生退行性變化。胸腔骨骼越來越僵硬，控制呼吸的肌肉負擔越來越重。呼吸時有更多的有害物質殘留在肺部。

30歲以後，男子的性衝動次數逐漸減少。據統計，25歲左右平均每年可達104次性高潮，50歲為52次，70歲時為22次左右。陰莖勃起角度也有所改變，30歲時男子勃起角度比年輕時略低，50歲時則明顯降低，心血管疾病是其中主要原因。

疲勞是身體需要恢復體力和精力的正常反應，同時，也是人們所具有的一種自動控制信號和警告。如果不理會警告立即採取措施，很可能會造成人體積勞成疾，百病纏身。

好了，身體的信號燈開始閃爍，我們立即行動吧！爲健康加分！不論你處於30歲以後的哪個階段。抽出一天時間，到醫院做一次全面身體檢查。然後根據自己的身體狀況，合理安排飲食，並增加一筆保健品開支；作息時間也需要調整，不僅要有良好的睡眠、適度的運動，還要讓緊張的心理充分伸個「懶腰」。

即使身體比我們預期的要糟許多，也絕不能驚慌失措。不要失去戰勝疾病的信心。善待自我還來得及，健康就像銀行帳戶，30歲以後就不能再無限透支了，而我們爲健康做的每一份努力，都是在爲這個帳戶增加財富，能累積多少財富，全看你自己了！

## 30歲，你需要去體檢

科學研究發現，從三十歲開始，人體基礎代謝率每10年降低約2％；肺功能開始下降；小腹容易凸起，有發胖趨勢；胃腸疾病日益明顯；掉髮正呈現出年輕化的趨勢；年輕女性乳腺癌發病率上升；罹患腸道腫瘤的機率增加；尤其是高血壓病，發病年齡不斷提前，20歲以下高血壓發病率爲3.11％，30歲～39歲上升到4.95％。

許多人因整天忙於工作或爲家務事所拖累，平時很少到醫院去檢查身體。一般的小病也是能忍則忍，能拖就拖，以致釀成大病時才匆匆忙忙走進醫院，結果白白錯過了治療的最佳時機。其實，任何疾病的發生都有一個過程，且都有其外在的表現，只要我們平時稍加留心，就可以發現疾病的徵兆，及時找醫生解決問題。

很多年輕人總覺得一般體檢意義不大，認爲那是在浪費時間，其實這種想法很不正確，也很危險。現代人生活和工作壓力大，加上平時多坐少動、抽煙、喝酒、熬夜等不良生活方式的影響，脂肪肝、高血脂症、高血壓、糖尿病、腰頸椎疾病、骨質疏鬆等一些原本老年人易罹患的疾病都呈現出低齡化趨勢，20多歲得腰椎間盤突出，30多歲罹患高血壓，40幾歲就出現嚴重糖尿病合併症等病例並不少見。

如果能夠定期體檢，就能及早發現一些疾病和徵兆，做到「有病防變，未病先防」。很多疾病的早期是沒有明顯症狀的，而一旦出現症狀也許已經延誤了最佳的治療時機。體檢的目的就是幫你找出身體中的隱患。30歲以前，可以兩年體檢一次；30～50歲，最好一年體檢一次。定期健康檢查能使危險因數現形，進而幫助我們及早採取必要措施和適當處理，不但可以維護健康，更能促進健康。爲了自己和家人的幸福，請不要忽視——定期健康體檢。

# 第二章

# 怎樣大修消化系統

中醫學認為，脾胃功能的強弱，直接關
係到人體生命的盛衰。脾胃功能好，則
人體營養充足，氣血旺盛，體格健壯；
脾胃虛弱，則受納運輸水穀失職，人體
所需營養不足，以致身體羸弱，疾病叢
生，影響健康。

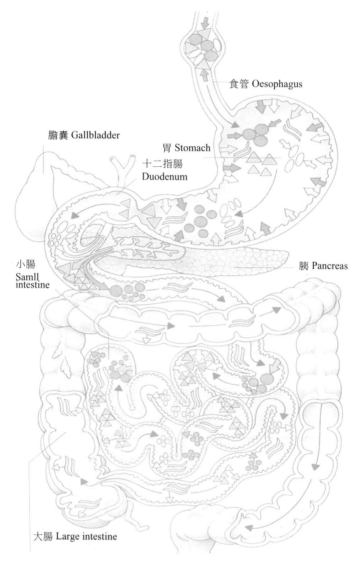

食管 Oesophagus

膽囊 Gallbladder

胃 Stomach

十二指腸
Duodenum

小腸
Samll
intestine

胰 Pancreas

大腸 Large intestine

　　消化系統包括消化管和消化腺兩大部分。消化管是指從口腔到肛門的管道，其各部的功能不同，形態各異，可分為口腔、咽、食管、胃、小腸（十二指腸、空腸和迴

腸）和大腸（盲腸、闌尾、結腸、直腸和肛管）。臨床上通常把從口腔到十二指腸的這部分管道稱上消化道，空腸以下的部分稱下消化道。消化腺按體積的大小和位置不同，可分為大消化腺和小消化腺兩種。大消化腺位於消化管壁外，成為一個獨立的器官，所分泌的消化液經導管流入消化管腔內，如大唾液腺、肝和胰。小消化腺分佈於消化管壁內，位於粘膜層或粘膜下層，如唇腺、頰腺、舌腺、食管腺、胃腺和腸腺等。

消化系統的基本功能是攝取食物，進行物理和化學性消化，經消化管粘膜上皮細胞進行吸收，最後將食物殘渣形成糞便排出體外。

**一般的消化道疾病包括：**消化不良、腹痛、腹瀉、便秘、嘔吐、食物中毒等。

# 一、慢性萎縮性胃炎

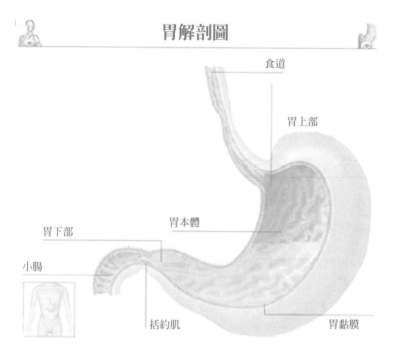

**胃解剖圖**

食道

胃上部

胃本體

胃下部

小腸

括約肌

胃黏膜

　　人們常說，病從口入，因爲吃進的東西，首先影響的就是胃。胃具有對食品的貯存、消化和運送功能。所以飲食不當是引起胃病的重要因素。慢性胃炎是一種十分常見的消化道疾病，以胃粘膜的非特異性炎症爲主要病理變化，根據胃粘膜的組織學改變，可分淺表性、萎縮性、肥厚性。臨床上類似的症狀爲：上腹部悶脹、疼痛、噯氣頻繁、泛酸、食欲減退、消瘦、腹瀉等。

　　其中最應該引起注意的就是慢性萎縮性胃炎，動脈硬

化，胃血流量不足，煙、酒、茶的嗜好等都容易損害胃粘膜的屏障機能而引起慢性萎縮性胃炎。慢性萎縮性胃炎患者特別是中重度萎縮性胃炎伴有腸腺化生或有不典型增生者，胃癌發生率比一般人群高，約有5%～10%的患者最終可能轉變爲胃癌，因此，一定要採取措施認眞對待，堅持治療，使病情保持穩定，以避免癌變的發生。對癌變來說，萎縮性胃炎的積極治療也就是預防。

內鏡檢查及活檢是確診本病的唯一手段。萎縮性胃炎可用藥物治療，並應定期檢查，以防癌變。

長期的精神緊張、憂傷，也會導致慢性胃炎，隨著現在社會節奏的加快，慢性胃炎出現了年輕化的趨勢，其中不少年輕的慢性胃炎患者的發病和精神壓力大有著密不可分的關係。另外，飲食和環境也是慢性胃炎的一個誘因。

## 慢性萎縮性胃炎（CAG）有哪些症狀？

臨床上，有些慢性萎縮性胃炎患者無明顯症狀。但大多數患者有上腹部灼痛、脹痛、鈍痛或脹滿、痞悶，尤以食後爲甚，食欲不振、噁心、噯氣、便秘或腹瀉等症狀。

嚴重者有消瘦、貧血、脆甲、舌炎或舌乳頭萎縮，少數胃粘膜糜爛者伴有上消化道出血。本病無特異體徵，上腹部可有輕度壓痛。病理學檢查腺體萎縮減少，胃電圖幅值頻率降低。

# 慢性萎縮性胃炎 (CAG) 有哪些中醫療法？

## (1)針灸療法

治法：健脾和胃，疏肝理氣。取任脈、手足陽明經穴為主。針用平補平瀉，可加用灸法。

選穴：中脘、足三里、合谷、梁丘。

配穴：噁心加內關、膻中；胃中灼熱加太溪；脅痛者加陽陵泉、束骨；大便秘結者加大腸俞。

## (2)耳針

選穴：脾、胃、交感、神門、皮質下。

方法：每次可選2～3穴位，中強刺激，留針20分鐘。

(3)**穴位注射**

選穴：脾俞、胃俞、相對夾背、中脘、內關、足三里。

方法：用紅花注射液、當歸注射液、阿托品0.5mg或普魯卡因1%注射液注射於上述穴位，每次1～3穴，每穴1～2ml。

(4)**其他療法**

**1.五靈脂31g，蒲黃31g，麝香少許。**用法：前兩味藥研爲細末，貯瓶備用。臨用前將麝香研爲細末，納入臍孔內，再取藥末填滿臍孔，外用膠布封蓋。每2日換藥1次。主治：瘀血停滯型萎縮性胃炎。

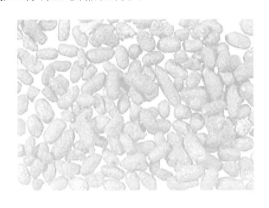

2.牛膝 15g，茴香根 15g，艾葉 18g，生薑 15g，食鹽適量。用法：以上材料研爲細末，在鍋內炒熱，布包置於胃脘部，繃帶固定。日更換 1 次。主治：瘀血停滯型萎縮性胃炎。

3.乾薑 15g，蓽茇 15g，甘松 10g，山奈 10g，細辛 10g，肉桂 10g，吳茱萸 10g，白芷 10g，大茴香 9g，艾葉 31g。用法：以上材料研爲細末。用棉布做成 20cm 見方的布袋，內鋪一層棉花，將藥均勻撒上，外層加一塊塑膠薄膜，然後用線縫好，防止藥末堆積或漏出，日夜置於胃脘部。1 個月換藥 1 次。主治：脾胃虛寒型萎縮性胃炎。

4.木香、烏藥、香附、高良薑各適量。用法：以上諸藥研爲細末，用水調成膏狀，分別敷於胃脘部及臍部，蓋以紗布，膠布固定。每日換藥 1 次。主治：肝氣犯胃型萎縮性胃炎。

5.玄明粉 6g，鬱金 12g，梔子 9g，香附 10g，大黃 6g，黃芩 9g。用法：以上材料研爲細末，以水調如膏狀，外敷胃脘部，蓋以紗布，膠布固定。每日換藥 1 次，10 次爲一療

程。主治：熱邪蘊胃型萎縮性胃炎。

6.細辛 9g，人參 9g。用法：以
上材料研為細末。取藥末適量，以溫
開水調成糊狀，敷於臍部，包紮固
定。每月換藥 1 次，10 次為一療程。
主治：脾胃虛寒型萎縮性胃炎。

## 慢性萎縮性胃炎患者應該注意的事項

1.所食食品要新鮮並富於營養，保證有足夠的蛋白
質、維生素及鐵質攝入。按時進食，不暴飲暴食，不吃過
冷或過熱的食物，不用或少用刺激性調味品如鮮辣粉等。

2.節制飲酒，不抽煙，以避免尼古丁對胃粘膜的損
害；避免長期服用消炎止痛藥，如阿斯匹林及皮質激素類
藥物等，以減少胃粘膜損害。

3.定期檢查，必要時做胃鏡檢查。

4.遇有症狀加重、消瘦、厭食、黑糞等情況時應及時
到醫院檢查。

## 慢性萎縮性胃炎的病人應如何注意飲食？

由於在慢性胃炎發病中飲食因素佔有重要地位，因此養成良好的飲食習慣是防治胃炎的關鍵，這也是與其他疾病不同的地方。

### 總而言之進食時做到以下幾點：

一、細嚼慢嚥，減少食物對胃粘膜的刺激。

二、飲食應有節律，忌暴飲暴食及食無定時。

三、注意飲食衛生，杜絕外界微生物對胃粘膜的侵害。

四、盡量做到進食較精細易消化、富有營養的食物。

五、清淡少食肥、甘、厚、油、辛辣等食物，少飲酒及濃茶。

此外，三餐定時，飲食清淡不宜過飽、過饑、過冷、過燙、過硬、過油。少吃醃製品和辛辣刺激性食物。戒除煙、酒、濃茶、咖啡等不良嗜好。

### 丹桂飄香治胃病

秋高氣爽，丹桂飄香。桂花一般在 9～10 月開花，除了供觀賞之外，收集起來也是一種美味。將桂花採收、陰乾，去除雜質後密閉貯藏，可用來泡茶、浸酒，或以糖漬待用。在吃白果、蓮子、栗子時，放上一小撮桂花，香味撲鼻，更增食欲。

　　桂花有溫中散寒、暖胃止痛、化痰散淤的功效。常用於治療胃痛、腹痛、牙痛、口臭等。推薦小妙方：

　　1.桂花、玫瑰花各 3 克，開水沖泡後飲用，每日 2～3 次。有和胃理氣、溫胃散寒的功效，適用於胃寒疼痛、消化不良、胸悶噯氣。

　　2.桂花、菊花各 3 克，開水沖泡後漱口，每日 2 次，有芳香清胃的作用，適用於胃熱口臭。

　　3.桂花 60 克浸入白酒 500 克中，一個月後即可飲用，腹、胃疼痛時服少許，能溫胃散寒、理氣止痛，適用於腹中寒痛。

## 健康小叮嚀

1.萎縮性胃炎伴有腸上皮化生和不典型增生者，平日需多進食富含β—胡蘿蔔素、維生素C以及葉酸的食物，如奇異果、柑橘、草莓和動物肝臟、綠色蔬菜等，它們可促使病情好轉。

2.用一小匙蜂王漿和一大匙蜂蜜與一杯溫開水調和均勻，於每日起床時空腹飲下，長期服食可治療慢性萎縮性胃炎。

# 二、胃、十二指腸潰瘍

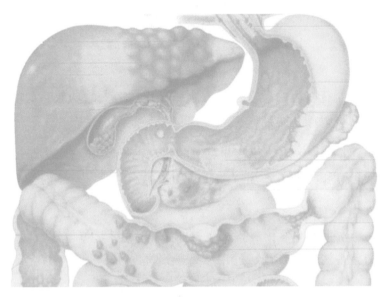

　　胃、十二指腸潰瘍就是胃液分泌增多，粘膜變弱，造成胃或十二指腸的內壁潰爛或受傷。胃、十二指腸潰瘍是一種常見病，常因情緒波動、過度勞累、飲食失調、抽煙、酗酒、某些藥物的不良作用誘發。其典型表現為饑餓不適、飽脹噯氣、泛酸或餐後定時的慢性中上腹疼痛，嚴重時可有黑便與嘔血。一般經藥物治療後，症狀緩解或消失。如無效，應進一步做X灯鋇餐及胃鏡檢查，以排除外穿孔、梗阻或惡變的可能性。

　　中醫學認為，脾胃功能的強弱，直接關係到人體生命的盛衰。脾胃功能好，則人體營養充足，氣血旺盛，體格

健壯；脾胃虛弱，則受納運輸水穀失職，人體所需營養不足，以致身體羸弱，疾病叢生，影響健康。

　　繁重的工作壓力使三十歲的人氣機運行受阻，影響到脾胃，導致中氣不足，出現精力不支，食後腹部脹滿，面黃無華；另外，好吃辛辣，往往也會引起內熱，加重其體內的濕氣。所以，三十歲的現代人一定要學會「養」自己的胃。

## 胃、十二指腸潰瘍有什麼樣的症狀？

　　十二指腸潰瘍最明顯的症狀是空腹或夜間時腹痛，而胃潰瘍是在飯後 2～3 小時內，心窩處會疼痛。同時，胃會有勒緊的不適感及胸口悶燒等。潰瘍惡化出血時，大便會呈黑色。胃出血時也會吐血，此時的血如同咖啡渣滓的顏色。出血量多時，會導致貧血。

　　若有由潰瘍轉成出血性的徵兆時，要馬上接受醫生診斷治療，胃潰瘍或十二指腸潰瘍穿孔（胃或十二指腸的壁上開孔）致內容物溢出可演變成為膜炎。腹部會突然劇烈疼痛，肚子變硬。此外，若有噁心、嘔吐或心窩四周有脹滿及消化不良的感覺時，可能是胃和十二指腸之間的幽門潰瘍，也可能是幽門狹窄導致食

物無法通過。

潰瘍大多不會演變成癌症，不過，兩者初期的症狀都很類似。因此須接受精密的檢查和診斷。治療時，大都不須開刀，而是制酸劑的藥物治療。不過，停止服藥後很容易復發，所以必須長期服藥。

## 胃、十二指腸潰瘍應做哪些檢查？

### 1. X光鋇餐檢查

潰瘍的X光徵象有直接和間接兩種，龕影是潰瘍的徵象，胃潰瘍多在小彎側突出腔外，球部前後壁潰瘍的龕影常呈圓形密度增加的鋇影，周圍環繞月暈樣淺影或透明區，有時可見皺襞集中徵象。間接徵象多係潰瘍周圍的炎症、痙攣或瘢痕引起，鋇餐檢查時可見局部變形、激惹、痙攣性切跡及局部壓痛點，間接徵象特異性有限，十二指腸發炎或周圍器官（如膽囊）炎症，也可引起上述間接徵象，臨床應注意鑑別。

### 2. 內鏡檢查

纖維及電子胃、十二指腸鏡不僅可清晰、直接觀察胃、十二指腸粘膜變化及潰瘍大小、形態，還可直視下刷取細胞或鉗取組織做病理檢查。對消化性潰瘍可做出準確診斷及良性惡性潰瘍的鑑別診斷，此外，還能動態觀察潰瘍的活動期及癒合過程等。

### 3.胃液分析

胃潰瘍患者的胃酸分泌正常或稍低於正常，十二指腸潰瘍患者則大多增高以夜間及空腹時更明顯。一般胃液分析結果不能真正反應胃粘膜泌酸能力，現多用五肽胃泌素或增大組織胺胃酸分泌試驗，分別測定基礎胃酸排泌量（BAO）及最大胃酸和高峰排泌量（MAO和PAO）。

### 4.糞便隱血檢查

潰瘍活動期，糞隱血試驗陽性，經積極治療，多在1～2週內陰轉。

## 胃、十二指腸潰瘍病人不能喝的幾種飲料

現代醫學認為，胃酸分泌增加和胃、十二指腸黏膜防禦機能受損，是引起消化性潰瘍的兩個主要因素。有些飲料對黏膜可引起物理性或化學性損害的作用，若飲用不當，就會加重病情，影響潰瘍的癒合。

### 這些飲料主要有：

**咖啡**：咖啡及含咖啡因的飲料，對潰瘍病人不利。因咖啡因能促進胃酸的分泌，提高胃酸的濃度，進而增強對潰瘍面的刺激，引起胃部疼痛，潰瘍面出血，使病情加重。

**酒精濃度低的酒**：酒精濃度低的酒類有香檳、啤酒

等。由於酒的主要成分為乙醇，也是胃酸分泌的促進物，若長期過量的飲用，會使胃液的酸度一直處於很高的程度，可能成為消化性潰瘍的發病原因之一。另外，乙醇可溶解保護胃黏膜的脂蛋白層，使胃的黏膜屏障遭受破壞，防禦機能受損，進而加重潰瘍。

**汽水：**汽水及會產生氣體的飲料，會使胃內壓力增高，引起腹脹，有誘發穿孔的危險。

**酸性飲料：**酸性飲料入胃後，會提高胃內酸度，影響胃內潰瘍面的癒合。潰瘍病人飲用酸性飲料猶如火上加油。

**茶：**對健康人來說，飲茶是有益的，但對潰瘍病患者而言，飲茶則是有害無益。因為茶作用於胃黏膜後，可促進胃酸分泌增多，尤其是對十二指腸潰瘍患者，這種作用更為明顯。胃酸分泌過多，便抵銷了抗酸藥物的療效，不利於潰瘍的癒合。

**牛奶：**牛奶鮮美可口，營養豐富，曾被認為是胃和十二指腸潰瘍病人的理想飲料。但最近研究發現，潰瘍病人飲用牛奶，會使病情加劇。

因為牛奶和啤酒一樣，會引起胃酸的大量分泌。牛奶剛進入胃時，能稀釋胃酸的濃度，緩和胃酸對胃、十二指腸潰瘍的刺激，可使上腹不適得到暫時緩解。但過片刻後，牛奶又成了胃黏膜的刺激因素，進而產生更多的胃

酸,使病情進一步惡化。因此,潰瘍病患者不宜飲用牛奶。

## 胃、十二指腸潰瘍病人的食療配方

胃、十二指腸潰瘍在中醫稱胃脘痛,中醫認爲發病的主要原因是飲食不當,故飲食自療在治療上有重要意義,下面推薦幾則食療配方。

1.白胡椒 15～20 克,磨碎,放入洗淨豬肚肉,放少量水,然後用線將豬肚的頭尾紮緊,慢火煲數小時,調味後服用,每週 2 次。

2.鯉魚 1 條,去內臟,不去鱗,切成塊狀,用適量白酒浸泡,加 5～10 個大棗,並加水約 500 毫升,加蓋慢火煨幾小時,然後去渣取其汁,加 30～50 克冰糖,餐後分 2～3 次服食。

3.將墨魚骨研成粉末,每次服1～2克,每日3次。

4.每日食 1～2 根香蕉。

5.紅棗5個去核,每個紅棗內放入白胡椒2粒(略打碎),置鍋內蒸食。

6.甲魚肉200克，豬肚200克，切成小塊，放入沙鍋內，加清水適量，慢火煲熟，以食鹽調味，分次服食，1天內服完。

7.取玫瑰花瓣8克，放茶盅內，沖入沸水，加蓋片刻代茶飲，每日3～5次。

8.雞蛋 1 個，去殼，放入碗中打散，加入田七末 3 克，藕汁 80 毫升，拌勻，可加少許冰糖調味，隔水燉服。

9.桃仁、生地各10克，桃仁浸泡後，去皮棄尖，二藥洗淨後加入適量冷水，武火煮沸，改文火慢煎，30分鐘後，除去藥渣，將100克粳米洗淨加入藥汁中煮粥。粥熟加入桂花2克，紅糖50克。每次食用一碗，每日2次。

10.取鮮石仙桃60～90克，豬肚1個。將石仙桃放入洗淨的豬肚內，加適量清水隔水燉熟，以食鹽調味，去石仙桃，吃肉飲湯，每週1次。

## 健康小叮嚀

對胃、十二指腸潰瘍有益的幾種食物：

1. 馬鈴薯：含豐富的維生素C、鉀、鈣等均衡的礦物質，而且有澱粉，可強化胃壁。

2. 南瓜：含有豐富的維生素C及胡蘿蔔素（即維生素A），其果實、花、種子、葉子都有藥效，澱粉多，有助於健胃整腸。

3. 無花果：將乾燥的無花果切碎，煮成半乾，加入少許蜂蜜和水，即可飲用。可治潰瘍及強健疲弱的腸胃。

4. 蒲公英：洗淨其葉子，含在口中，慢慢咬碎；葉和花也可當配菜或做沙拉吃。

# 三、便秘

便秘就是人們吃下去的食物殘渣在大腸中移動過慢，而不能及時排出體外所造成的，而且因大量的水分被吸收掉，使便體變得又乾又硬，增加了排便的困難，於是形成了便秘。

消化道自身病變可以引起便秘，其他系統病變也可以透過影響消化道的結構與功能而引起便秘。判斷便秘的因素應該包括三個，一是每週大便的次數是否少於2次，二是排便是否困難，三是大便的性狀有沒有改變，是不是存在乾燥的情況。

很多人年輕人覺得便秘並不是什麼大毛病，所以不以為然。實際上，便秘可以當做身體的一面鏡子，反映出身體的很多方面的毛病。比如，大腸癌在初期時，有的病人就表現為便秘。另外，糖尿病、甲亢、電解質紊亂和自身免疫力方面出現的問題都有可能衍生出便秘的症狀。所以，如果有長達3個月以上的便秘問題最好還是請醫生幫助診斷，檢查是否有其他惡性病變比較穩妥。

## 便秘對人體有哪些危害？

1.由於長期用力排便，最易引起痔瘡，嚴重的會引起腸炎甚至腸癌。

2.大便過久積存於腸道，使毒素吸收進入血液，引起人體的一些不明原因的發病。如失眠、渾身不適、內臟癌變等。

3.由於便秘而用力排便，會引發心臟病患者心梗的發生，造成突發性死亡。

4.臉色灰暗，起斑、長毒痘等。

## 便秘有哪些治療方法？

### 便秘有以下幾種治療方法：

### 1.一般治療：

包括飲食、鍛鍊、改變不良習慣等方面。對於沒有器質性病變的一般人來說，食療是首選的，即在飲食中增加纖維食物，如麩糠、水果、蔬菜等；運動鍛鍊對於常人的排便很有幫助；降低生活中的緊張情緒，減緩工作節奏及糾正長期忍便等不良習慣等。

### 2.藥物治療：

儘管施用上述方法，但許多便秘者還需要用藥物來輔

助排便。藥物治療主要是促進腸肌間神經叢中乙醯膽鹼的釋放，可加強腸的運動並促進小腸和大腸的運轉。

### 3.糞便嵌塞的治療：

通常使用灌腸、口服瀉藥以及甘油球射肛等方法，往往無效，可採用手法擠壓肛周，女性可用手指壓迫陰道後壁助便。臨床常用的方法是將食指（戴手套）插入肛門內，將乾糞團分割成小塊，摳出或加用甘油球刺激排出，無效時應在局麻下將糞團挖出。

### 4.水療法：

這是治療頑固性便秘的一種行之有效的新療法。透過儀器，將滅菌淨化的鹽水不斷地注入肛門，經反覆沖洗，使積留在大腸內的糞便排出，達到清除腸內毒物、細菌和寄生蟲，恢復腸道正常吸收和排泄功能的目的。

### 5.生物回饋療法：

生物回饋療法是透過測壓和肌電設備，使患者直觀地感知其排便的盆底肌的功能狀態，意會在排便時如何放鬆盆底肌，同時增加腹內壓實現排便的療法。

### 6.手術治療：

便秘經過一段保守治療仍無效者，可透過一些檢查手續看是否存在著器質性病變。如有，可根據情況實施手術。

## 便秘的飲食療法

便秘的人除了應多飲水、適當運動外，最重要的是養成正確的飲食習慣，下面是幾種對治療便秘很有效的食物。

▲**木瓜牛奶**：成熟木瓜1個，鮮奶2杯，冰塊少許。將木瓜一切兩半去籽，用湯匙挖出果肉放入果汁機，再加入鮮奶及冰塊，一起攪拌15～30秒即可飲用。

▲**紫菜湯**：紫菜含有異常柔軟的粗纖維，大量的鈣、磷、鐵、碘和多種維生素。做法：紫菜10克，香油2小匙，醬油、味精適量，每晚飯前半小時開水沖泡，溫服。

▲**首烏紅棗粥**：首烏200克，白米60克，紅棗10個，冰糖適量。首烏先煎，再加白米、紅棗煮粥，適合於血虛便秘。

▲**銀耳湯**：銀耳50克，雞蛋2個。先將銀耳洗淨入水煮約20分鐘，再打入雞蛋，待蛋花熟後，加入冰糖適量即可。適宜主

47

治久咳不止，體虛便秘。

▲**海蜇荸薺湯**：海蜇皮 50 克，荸薺 200 克，分別洗淨切絲，共同煮湯。或加適量冰糖，佐餐服用。具有清肺、化痰止咳、潤腸通便的作用，適宜肺氣腫、肺心病等引起的便秘。

▲**蜂蜜香油湯**：蜂蜜 50 克，香油 25 克，開水約 100 毫升。將蜂蜜倒在瓷盅內，用筷子或湯匙不停的攪拌使其起泡。當泡濃密時，邊攪拌邊將香油緩緩注入蜂蜜內，攪拌均勻。將開水放至溫熱時，徐徐注入蜂蜜、香油混合液內，再攪拌使其 3 種材料製成混合液狀態，即可服用。

▲**腸耳海參湯**：豬大腸 300 克，黑木耳 20 克，海參 30 克，調味料各適量。將豬大腸翻出內壁用細鹽除去污穢之物，洗淨切段；海參用水發好切條狀；木耳溫水發好洗淨；三者共放鍋中加水及調味料文火燉煮 30 分鐘，大腸熟後飲湯食用。有滋陰清熱，潤腸通便的作用，適用於陰虛腸燥便秘的治療。

▲**當歸生薑羊肉湯**：用當歸、生薑各60克，羊肉500克。煮湯飲用。每日一劑，分3次服用。尤適宜產後體虛便秘者。

▲**胡桃粥**：胡桃肉 30～50 克，去皮搗爛，粳米 50 克，加水如常法煮粥，粥熟後把胡桃肉加入，調勻，浮起粥油時即可食用。早晚各服一次。胡桃肉性味甘溫，有壯腰補腎、斂肺定喘、潤腸通便的功效。

▲**桑葚子粥**：桑葚子 50 克，大米 100 克，紅糖適量。先把桑椹子和白米洗淨後共入砂鍋煮粥，粥熟時加入紅糖。每天早晚服用。尤其適用於產後血虛便秘者。

▲**菠菜粥**：新鮮菠菜 100 克，粳米 100 克。先把菠菜洗淨後放入沸水中燙半熟，取出切碎，待粳米煮成粥後，再把菠菜放入，拌勻煮沸即可，每日 2 次，連服數日。適用於習慣性熱秘，同時對痔瘡出血患者有良好療效。

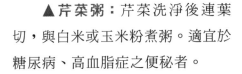

▲**芹菜粥**：芹菜洗淨後連葉切，與白米或玉米粉煮粥。適宜於糖尿病、高血脂症之便秘者。

▲**決明子粥**：炒決明子，白菊

花各 15 克，白米 60 克，冰糖適量。將炒決明子和白菊花一同煎煮去渣取汁，加入白米煮成粥，加入冰糖適量即可服用。具有清熱瀉肝，名目通便作用。尤適於高血壓患者的便秘。

## 健康小叮嚀

對付折磨你很久的便秘，不妨試試以下幾個小竅門：

1. 將紅薯洗淨後切成片或塊狀，與白米共煮成粥，每天早晚服用。

2. 將苦瓜150克切粒，攪拌成汁，加蜂蜜調服，適合腸燥便秘。

3. 將百合50克加水煮至熟透，加蜂蜜適量服食。適用於便結如羊糞，手足心熱，咽乾口燥者。

4. 取香蕉2根，去皮後和適量冰糖放入鍋內，加水煮5分鐘，喝湯吃香蕉，經常服用，很有效果。

5. 每天臨睡之前吃2把炒熟的黑芝麻。

# 四、肝炎

　　肝臟是人體最大的化工廠，承擔著消化、解毒、分泌等重要功能，我們一日三餐吃進去的營養物質都必須依靠肝臟進行加工，才能提供人體生命活動的需要。除了物質代謝外，肝臟還是人體內最大的解毒器官，體內產生的毒物、廢物，吃進去的毒物、有損肝臟的藥物等等也必須依靠肝臟解毒。可以說，人體沒有肝臟，就沒有生命，肝臟受損，健康受損。

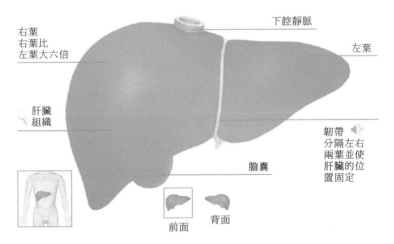

右葉
右葉比
左葉大六倍

下腔靜脈

左葉

肝臟
組織

韌帶
分隔左右
兩葉並使
肝臟的位
置固定

膽囊

前面　　背面

　　肝炎指的是由多種肝炎病毒引起的以肝臟發炎為主要病變的全身性傳染病。根據肝炎病原學的調查研究結果顯示，到目前為止，已知能引起病毒性肝炎的病毒主要有甲、乙、丙、丁、戊（即A、B、C、D、E）等5型。這些病毒主要侵犯人體的肝臟，出現類似的臨床表現。其共

同特點是：傳染性強，病程相對較長，危害性大。但各型肝炎在病原學、血清學、臨床經過、預後和肝外損害等方面均有明顯的不同。

大多數病人呈急性表現，但最終大多可康復。病人常有乏力、食欲降低、噁心、嘔吐、肝臟腫大及肝功能損害等，部分病人出現發燒和黃疸。少數乙型和丙型肝炎病人可演變成慢性，或發展為肝硬化，甚至肝癌。

病毒性肝炎的治療可應用中西醫結合療法，對症和支持療法可獲得良好效果。慢性乙型、丙型肝炎伴有明確肝炎病毒複製者，可選用抗病毒藥物。此外，肝炎病人應注意健康生活方式，科學的自我保健對肝炎的順利康復十分重要。

乙型肝炎病毒（HBV）感染呈世界性流行，據世界衛生組織報導，全球約20億人曾感染過乙肝，其中3.5億人為慢性乙肝感染者，每年約有100萬人死於乙肝感染所致的肝衰竭、肝硬化和肝癌。目前中國有慢性無症狀乙肝病毒攜帶者約1.2億，慢性乙肝病人約3000萬。而三十多歲的人由於社交範圍很廣，感染肝炎的機率更大，所以對肝炎的防治更不能忽視。

## 肝炎有什麼樣的症狀？

由於得了肝炎，肝細胞腫脹、壞死，吃進的食物不能正常「加工」，會出現噁心、嘔吐及食欲不振等狀況，病

人會有腹瀉、腹脹。肝臟分泌和產生膽汁的功能減弱，不能正常地消化脂肪，因此會出現厭油膩。因肝細胞腫脹，使肝內的膽管受壓，排泄膽汁受阻，使血中的膽紅素升高。過多的膽紅素透過腎臟排泄，病人就會出現小便發黃，甚至深如濃茶；血膽紅素從皮膚粘膜溢出，人體就會出現黃疸，病人會感覺皮膚瘙癢；由於膽汁從大便排出減少，病人的大便顏色變淺，甚至變成灰白色，醫生稱之為「陶土便」。

　　肝臟的神經分佈在肝臟外面的肝包膜，肝炎時肝臟腫大、肝包膜與炎症組織發生粘連，所以出現肝區疼痛，在勞累後更加明顯。

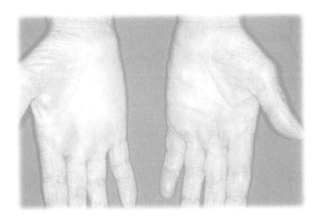

　　慢性肝炎和肝硬化的患者會出現「肝掌」和「蜘蛛痣」。肝掌是手掌雙側的大魚際、小魚際及手指掌面充血發紅，就像塗了一層胭脂。蜘蛛痣由於小動脈分支擴張，樣子很像蜘蛛故得名。用鉛筆或牙籤按壓小蜘蛛的中心點時，蜘蛛的細腳就會消失。肝掌和蜘蛛痣的形成是由於肝

臟滅活雌激素的功能下降。體內雌激素的水準升高，女性會出現月經紊亂，男性可能出現乳房女性化。由於病人的肝臟對黑色素的滅活減少，會引起皮膚色素沉著。

肝炎時，免疫功能會下降或紊亂，易發生各種感染（如感冒、帶狀皰疹、腹瀉等）或併發免疫系統疾病（如乾燥綜合症、牛皮癬等）。同時，受病毒和免疫影響的脾臟會伴隨腫大。

肝臟是製造凝血因數的場所，肝病嚴重時，凝血因數減少，病人會表現凝血困難和出血。慢性肝炎患者，肝臟的纖維組織過度增生，形成肝臟假小葉、結節、逐漸發生肝硬化。

重型肝炎和肝硬化患者會出現腹水、內毒素血症和血氨升高，甚至肝性腦病（肝昏迷）。晚期還會出現少尿、無尿的肝腎綜合症。

## 肝炎需要做什麼檢查？

**1.血象**　白血球總數正常或稍低，淋巴細胞相對增多，偶有異常淋巴細胞出現。重症肝炎患者的白血球總數及中性粒細胞均可增高。血小板在部分慢性肝炎病人中可減少。

**2.肝功能試驗**　肝功能試驗種類甚多，應根據具體情況選擇進行。主要包括：黃疸指數、膽紅素定量試驗、血

清酶測定、膽固醇／膽固醇酯／膽鹼脂酶測定、血清蛋白質及氨基酸測定、血清前膠原Ⅲ（PⅢP）測定。

**3.血清免疫學檢查**　測定抗HAV-IgM對甲型肝炎有早期診斷價值，HBV象徵（HBsAg、HBEAg、HBCAg及抗-HBs、抗-HBe、抗-HBc）對判斷有無乙型肝炎感染有重大意義。HBV-DNA、DNA-P及PHSA受體測定，對確定乙型肝炎病人體內有無HBV複製有很大價值。高滴度抗HBc-IgM陽性有利於急性乙型肝炎的診斷。

**4.肝穿刺病理檢查**　對各型肝炎的診斷有很大價值，透過肝組織電鏡、免疫組化檢測以及以Knodell HAI計分系統觀察，對慢性肝炎的病原、病因、炎症活動度以及纖維化程度等均得到正確資料，有利於臨床診斷和鑑別診斷。

## 肝炎的基礎治療

多數肝炎沒有特異性治療。一般措施包括休息、適當的飲食調整及努力控制傳播。

### 1.一般治療：

**休息**：應略微限制體力活動。一般規律是：如果你感覺良好就起來活動，如果感覺不好就躺下休息。避免接觸其他人，以免病毒傳播。

**飲食**：良好的營養是治療各型肝炎的重要因素。對於多數病例，營養均衡並能提供適當熱量的簡單飲食即可。

許多病人在早餐時胃口較好，而隨後的一天內食欲漸差，噁心也逐漸加重，故飲食以適合病人口味的清淡飲食爲宜。對於一次不能吃太多食物的病人，更喜歡少量多餐。

### 2.藥物治療：

長期濫用藥物可加重肝臟負擔，不利於恢復，應予注意。

**中醫中藥：**急性黃疸型肝炎多屬陽黃症，可分熱重、濕重、濕熱並重三型。熱重者可用茵陳蒿湯、梔子柏皮湯等加減；濕重者可用茵陳五苓散加減；濕熱並重者可用茵陳蒿湯與胃苓湯合方加減。急性無黃疸型肝炎早期亦應清熱利濕。

## 接觸過肝炎患者怎麼辦？

由於種種原因必須去接觸、探望肝炎患者，或者突然知道經常接觸的同事竟然是肝炎患者，怎麼辦？

在不知情的情況下與肝炎病人，尤其是和急性傳染性肝炎密切接觸者，必須進行嚴密的醫學觀察，以防止成爲新的傳染源。

## 在觀察期要注意下面這些方面：

如果被觀察者短期內出現噁心、嘔吐、厭食、乏力等肝炎常見症狀，則必須及時檢查、隔離治療，並採取消毒

措施。

　　如接觸的是甲型肝炎病人，可於一週內注射丙種球蛋白預防，保護效果通常可維持6個月。

　　如果接觸的是乙型肝炎病人，則可注射高效價乙肝免疫球蛋白（HBIG），同時接種乙肝疫苗進行預防。

　　在潛伏期間，應注意增加營養，禁戒煙酒，防止過度勞累，避免機體及精神創傷。

### 肝病患者不宜多吃的食物

　　對於肝病患者來說，營養豐富的食物能夠幫助肝細胞修復，但有些食物則不宜多吃，要掌握其量，吃多了反而會影響肝病的康復。

　　**1.巧克力、糖及各種甜食。**一日之內不宜多吃，吃過多會使腸胃道的酶分泌發生障礙，影響食欲；糖容易發酵，能加重胃腸脹氣，並易轉化為脂肪，加速肝臟對脂肪

的貯存，促進脂肪肝的發生。

**2.葵花籽。**葵花籽中含有不飽和脂肪酸，多吃會消耗體內大量的膽鹼，會使脂肪較易積聚肝臟，影響肝細胞的功能。

**3.皮蛋。**含有一定量的鉛，鉛在人體內能取代鈣質，經常食用皮蛋會使鈣質缺乏和骨質疏鬆，還會引起鉛中毒。

**4.味精。**是調味佳品，肝病患者一次用量較多或經常超量服用，會出現短暫頭痛、心慌甚至噁心等症狀。

**5.速食麵、香腸和罐頭食品。**常含有對人體不利的食用色素與防腐劑等，經常食用會增加肝臟代謝和解毒功能的負擔。

**6.各種醃製食品。**鹽分太高，肝病患者吃多了易影響水、鈉代謝，對失代償期的肝硬化患者則應禁忌。

# 冬季養肝多喝粥

### 1.豬肝綠豆粥

新鮮豬肝100克，綠豆60克，白米100克，食鹽、味精各適量。先將綠豆、白米洗淨同煮，大火煮沸後再改用小火慢熬，煮至八分熟之後，再將切成

片或條狀的豬肝放入鍋中同
煮，熟後再加調味料。此粥補
肝養血、清熱明目、美容潤
膚，可使人容光煥發，特別適
合那些臉色蠟黃、視力減退、
視物模糊的體弱者。

### 2.決明子粥

炒決明子10克（中藥店有售），白米60克，冰糖少
量。先將決明子加水煎煮取汁適量，然後用其汁和白米同
煮，成粥後加入冰糖即成。該粥清肝、明目、通便。

### 3.枸杞粥

枸杞子30克，白米60克。先將白米煮至半熟，然後加
入枸杞子，煮熟即可食用。特別適合那些經常頭暈目澀、
耳鳴遺精、腰膝酸軟等症病人。肝炎患者服用枸杞粥，則
有保肝、護肝，促使肝細胞再生的良效。

### 4.桑葚粥

桑葚30克（新鮮桑葚60克），糯米60克，冰糖適量。
將桑葚洗乾淨，與糯米同煮，待煮熟後加入冰糖。該粥可
以滋補肝陰，養血明目。適合肝腎虧虛引起的頭暈眼花、
失眠多夢、耳鳴腰酸、鬚髮早白等症。

### 5.梅花粥

　　取白梅花5克，粳米80克，先將粳米煮成粥，再加入白梅花，煮沸兩三分鐘即可，每餐吃一碗，可連續吃三、五天。梅花性平，能舒肝理氣，激發食欲。

## 健康小叮嚀

**肝炎患者多喝以下飲料，對健康大大有益：**

1. **綠茶：**清晨可泡綠茶1杯，陸續加水飲用，茶水不宜太濃，全日茶水總量不宜超過1000～1500毫升。通常在飯前一小時內應暫停飲用，以免茶水沖淡胃酸，減少對食物的吸收。

2. **芹菜汁：**鮮芹菜150克、蜂蜜適量，芹菜洗淨搗爛取汁，加蜂蜜燉，溫服。每日一次。

3. **黃瓜皮：**黃瓜皮50克，水煎服。

# 五、膽囊炎

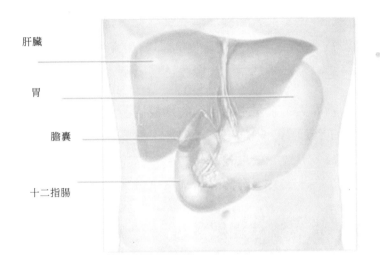

肝臟

胃

膽囊

十二指腸

　　膽囊是位於肝臟下方的一個梨形的囊袋，肝臟每天平均產生約800毫升膽汁，除了少量膽汁直接流入十二指腸外，絕大部分經膽囊10倍濃縮後貯存於膽囊中。膽囊收縮時，將膽汁從膽囊經膽囊管擠入膽總管，並進入十二指腸內，幫助食物的消化與吸收。

　　飲食中的脂肪進入十二指腸時，能刺激腸粘膜釋放出一種「縮膽囊素」的物質，使膽囊收縮，排出膽汁。但如果膽囊內有結石或膽總管結石阻礙膽汁的正常排出，膽囊強烈收縮時，便會引起劇烈的疼痛，甚至誘發膽囊炎或膽管炎的發作。部分膽囊內帶菌者在機體抵抗力下降時，亦可發病。

大多數膽囊炎的發生，都因膽囊記憶體有著結石，阻塞了膽囊管，使膽汁排出不暢，繼而發生細菌感染，形成膽囊炎。也有一部分病人，膽囊內並無結石，細菌由腸道或由血液循環進入膽囊而形成膽囊炎。膽囊炎的病人由於膽汁成分改變、膽汁濃縮，以細菌和炎性壞死物質為核心，也易形成膽結石，故膽囊炎、膽結石常伴隨存在。

膽囊炎本來是中老年人的好發病，可是現代的年輕人由於工作原因，經常不吃早餐、不愛運動、喜食油膩、日漸發福，以致於罹患膽囊炎的越來越多，如果再不注意，說不定有一天必須選擇忍痛割膽……

## 膽囊炎有哪些症狀？

患者常自覺右側季肋部脹痛不適，輕者如針刺，重者如刀割般絞痛，並可向右肩腫放射，易為飽餐或高脂肪飲食後誘發。同時伴有消化不良、噁心、嘔吐。

右上腹肌緊張壓痛、叩擊痛，根據炎症的輕重可出現不同程度的肌衛。

慢性膽囊炎發作時白血球數升高，X光檢查可發現陰性結石，膽囊壁強直，口膽或靜膽造影可顯示膽囊收縮功能不佳。B超檢查膽囊壁粗糙、增厚。

## 急性膽囊炎的檢查方法有哪些？

### 1.傳統的 X 光檢查

對急性膽囊炎並無特異性，即僅約10～15％的病例可看到鈣化的膽結石，對大部分的病患均無法做一個確定的診斷。另外也有以口服或注射顯影劑作膽囊X光攝影，因為這種方法較具侵犯性，且效果不彰，現多已摒棄不用。

### 2.逆行性胃鏡膽道造影術

對急性膽囊炎的診斷及鑑別診斷極有幫助，尤其是有相伴的胰臟或總膽管病變，但是失敗率較高。

### 3.B型超聲檢查

對急性膽囊炎而言，既簡單、便宜，又確實少誤差，且不具侵犯性，可說是目前最廣泛使用的檢查。主要是因為它有高達90％以上的正確診斷率。它可以清楚看到腫脹的膽囊，或是膽石，及一些膽囊周邊的情況。但在少數特殊狀況下，會因胃腸有嚴重的漲氣，而阻擋了超音波檢查的判讀正確性。

### 4.腹部電腦斷層掃描（CT）

是更進一步的檢查項目。主要的目的是要觀看膽囊周邊的臟器，如肝臟、胰臟、腎臟……等，有無其他的病變，以便在治療時，做更進一步的評估與依據。

## 膽囊炎的治療方法有哪些？

### 急性膽囊炎：

**1.一般治療** 臥床休息，給予易消化的流質飲食，忌油膩食物，嚴重者禁食、胃腸減壓，靜脈補充營養、水及電解質。

**2.解痙、鎮痛藥物治療** 阿托品0.5mg或654-2.5mg肌注；硝酸甘油0.3～0.6mg，舌下含化；維生素K38-16mg肌注；度冷丁或等美散痛等鎮痛，不宜用嗎啡。

**3.抗菌治療** 氨芐青黴素、環丙沙星、甲硝唑；還可選用氨基糖苷類或頭孢菌素類抗生素，最好根據細菌培養及藥敏試驗結果選擇抗生素。

**4.利膽** 舒膽通、消炎利膽片或清肝利膽口服液口服，發作緩解後方可應用。

**5.外科治療** 發生壞死、化膿、穿孔、嵌頓結石者，應及時外科手術治療，進行膽囊切除或膽囊造瘺。

## 慢性膽囊炎：

**1.手術治療** 慢性膽囊炎伴有膽石者，應進行膽囊切除手術。手術通常擇期在膽囊炎發作2個月後進行，這樣可減少膽囊周圍的粘連與膽囊水腫。

**2.綜合治療** 低脂飲食，口服利膽藥，如硫酸鎂、消炎利膽片、清肝利膽口服液、保膽健素等；應用熊去氧膽酸、鵝去氧膽酸、消石素等溶石；有寄生蟲感染者應當驅蟲治療。

# 膽囊炎的日常飲食應注意什麼？

### 1.早餐一定要吃好

長期不吃早餐是導致膽囊疾病的重要原因。不吃早餐導致空腹時間過長，而空腹時膽汁分泌減少，膽汁中膽酸的含量隨之減少，膽汁中的膽固醇就會處於飽和狀

態，使膽固醇在膽囊中沉積，形成結晶，使膽固醇結石越結越大。如果堅持吃早餐，可促進膽汁流出，降低一夜所貯存膽汁的粘滯度，降低罹患膽石症的危險性。

### 2.少量多餐不過度

膽囊炎、膽石症患者不宜飲食過度。尤其不可暴飲暴食，因為飽餐和暴飲暴食，會促使膽汁大量分泌：膽囊強烈收縮，可誘發炎症和絞痛。最好的辦法是每2～3小時進食1次，量不宜多，關鍵是少量多次，以促進膽汁分泌。尤其是晚餐宜七分飽，就是離開餐桌時還有食欲。

### 3.飲食清淡易消化

食用過量精製碳水化合物，會增加膽汁中膽固醇的飽和度，使膽固醇沉澱而形成結石。大量攝入脂類食物，會改變膽汁成分，使膽固醇與膽色素含量增加，脂肪代謝也

易發生紊亂，膽汁濃縮，膽囊收縮功能降低，更容易形成結石。所以，飲食宜以清淡爲主。

### 4.油膩食物要控制

高脂飲食會引起膽囊收縮，使膽囊結石更易嵌頓。必須嚴格控制食用動物腦、動物內臟、蛋黃、鹹鴨蛋、皮蛋、魷魚、沙丁魚、蟹黃等含膽固醇較高的食物，以及肥肉、豬油等高動物脂肪食物。含脂肪量高的堅果類食物也要少吃，如花生、瓜子、核桃、杏仁、開心果等。食物脂肪應該分散在各餐之中，不要集中在一餐內。

### 5.大量飲水助排泄

每天應保證飲水量達到1500～2000毫升（約7～8杯），以稀釋膽汁。飲水以白開水爲宜，還可適量食用一些米湯、稀粥、藕粉、豆漿等清淡的飲料和食品，以降低膽汁的粘滯度，促進膽汁分泌和順利排泄。尤其要注意少喝濃咖啡、濃茶和含糖飲料。

### 6.愛吃甜食不過量

糖攝入過量，會增加胰島素的分泌，加速膽固醇的累積。造成膽汁內膽固醇、膽汁酸、卵磷脂三者之間的比例失調。還有，糖過多還會自行轉化爲脂肪，促使人體發胖，進而引起膽固醇分泌增加，促使膽結石。所以，吃甜食一定要注意不要過量。

### 7.辛辣食物有危害

刺激性食物、濃烈的辛香品如辣椒、胡椒、咖哩、芥末等,均可促進膽囊收縮,使膽道括約肌不能及時鬆弛,造成膽汁流出不暢,進而誘發膽囊炎急性發作。因此,平時要少食辛辣之物。

### 8.過酸食物要少吃

膽囊炎、膽石症患者應少吃楊梅、葡萄、蘋果、山楂、話梅、醋及其他過酸食物。因酸性食物可刺激十二指腸分泌膽囊收縮素,引起膽囊收縮而致膽絞痛發作。

### 9.保「膽」食物可多吃

魚類含有許多不飽和脂肪酸,可以促進中性類固醇和膽汁酸的排出,膳食中應增加魚類的攝入;豆腐及少油的豆製品中含有大豆卵磷脂,具有很好的消石作用;蘿蔔有利膽作用,並能幫助脂肪的消化吸收;含膳食纖維多的食物,包括玉米、小米、番薯、燕麥、蕎麥等,都可以促進膽汁排泄;綠色．蔬菜可提供必要的維生素和適量纖維。此外,還應補充一些水果、果汁等,以彌補炎症造成的津液和維生素損失。

### 10.完全素食沒必要

　　許多膽石症及慢性膽囊炎患者完全以素食爲主。但是，長期只吃素食容易造成膽囊內膽汁排泄減少，膽汁過分濃縮淤積，有利於細菌的生長繁殖，破壞了膽汁的穩定性，進而導致和加速膽結石的形成。

### 11.烹飪菜肴有講究

　　盡量少用油煎、炸、炒等烹製方法，因爲高溫油脂中含有丙烯醛等裂解產物，可引起反射性的膽道痙攣，引發疼痛。宜採用煮、滷、蒸、燴、燉、燜、氽、微波爐烹調等方式，這些方式不但用油少，對食物營養成分的破壞也比較小。食物溫度要適當，過冷或過熱，都不利於膽汁排出。

### 12.飲食清潔要做到

　　很多膽結石都是以蛔蟲卵和蛔蟲殘體爲核心的，導致這類結石的主要原因是飲食不潔。預防寄生蟲感染，飯前、便前、便後應洗手，不吃生冷和不乾淨的食物，這一點也很重要。

### 13.煙酒嗜好要戒掉

　　抽煙、酗酒都會引發膽囊強烈收縮而致膽絞痛，因此膽囊炎、膽石症患者最好戒煙、戒酒。

## 對膽囊炎有治療作用的幾種藥膳

◆蒲公英茶：

取乾蒲公英 50 克，如爲新鮮者爲乾蒲公英的 2～3 倍量，先用冷水 1000 毫升浸泡，後文火煎 5～8 分鐘，分兩天飯後當茶飲，每日三次，兩天換一次蒲公英，連飲一個月。

### ◆丹參鬱金蜜：

丹參 500 克，鬱金 250 克，茵陳 100 克，蜂蜜 1000 克，黃酒適量。將丹參、鬱金、茵陳入鍋，燒開時加黃酒，文火煎煮，然後取汁與蜂蜜同入大碗中，旺火隔水蒸 2 小時，冷卻後裝瓶。每日飯後飲 2 次，每次服 1 匙，3 個月爲 1 療程。有疏肝利膽，清熱除濕之用。適用於慢性膽囊炎以及右上腹疼痛不適者。

### ◆烏梅虎杖蜜：

烏梅 250 克，虎杖 500 克，蜂蜜 1000 克。將烏梅、虎杖洗淨，加水浸沒，然後文火煎汁，濾出後與蜂蜜同入鍋，再煎，冷卻後裝瓶。每日飯後服 2 次，每次一匙，3 個月爲 1 療程。功效同上。

### ◆玉米鬚燉蚌肉：

玉米鬚50克，蚌肉200克。將玉米鬚和蚌肉同放砂鍋內，加水適量，文火煮至熟爛，隔日服1次。有利濕通便，平肝泄熱，利膽退黃之功效。適合膽囊炎、膽囊結石者食用。

### ◆金錢銀花燉瘦肉：

金錢草80克，金銀花60克，以上為乾品，瘦肉600克，黃酒20克。將金錢草與金銀花用紗布包好，和豬肉塊一同加水浸沒，用大火燒開，加黃酒，後用小火再燉2小時，取出藥包。飲湯食肉，每次1小碗，日服2次，3日內服完。此方有清熱解毒，消石之功效，適用於膽囊炎、膽管炎，有預防膽結石的作用。

### ◆紫蘇菊花粥：

紫蘇25克，菊花15克，粳米50克，先將糯米煮八分

熟，再將紫蘇、菊花共同放入煮沸即可食用，每日1次。消炎利膽。

◆金桔山楂粥：

金桔50克，山楂12克，粳米100克，先將粳米煮八分熟後，再放入金桔和山楂，煮熟即可食用。每日1次，消炎化食。

## 健康小叮嚀

**膽囊炎的自我療法：**

1. **推摩右季肋** 以全掌在右季肋部做由內向外的推摩動作3～5分鐘。若手痠，可更換另一手繼續操作。

2. **指揉腹穴** 可對中院、章門（右）、期門（右）做指揉法，每穴約1分鐘。

3. **指揉肢體穴** 指揉陽陵泉、膽囊穴各1分鐘。

# 六、痔瘡

隨著現代人生活、工作節奏的日益加快，不少上班族在廁所裡開闢了「第二戰場」，讀書、看報兼如廁。可是他們萬萬沒有想到，「廁所辦公」竟然成為「痔瘡」滋生的溫床。專家坦言：50％左右的痔瘡患者都是因如廁時間過長引起的。因此，辦公族應養成如廁不超過3分鐘的習慣。

一般來說，有四類人最容易發病：一是久站、久坐和長期便秘的人，比如司機、腦力工作者、上班族；二是妊娠婦女，由於肛門直接受胎兒的壓迫會使血液回流出現障礙，再加上分娩時長時間用力，引起肛門靜脈充血；三是生活起居沒有規律的人，比如經常暴飲暴食、喜歡吃辛辣刺激的東西、酗酒；四是大便時有不良習慣的人，比如上廁所時喜歡看書報的人。

痔瘡是可以預防的，首先應該養成好的生活習慣，比如：經常保持肛門周圍的清潔，大便後不能用特別粗糙的東西來擦。要少抽煙、少酗酒、少吃辛辣的東西，還應該適當做一些運動，膳食結構均衡、保持大便通暢等。還有一點很重要，就是一定要早期用藥、早期治療。很多人不好意思，認為既然這麼多人得那就肯定不是什麼大病，也

就不急於治療。事實上這是個誤解。很多直腸癌的早期症狀和痔瘡幾乎是一樣的，如果罹患早期直腸癌而自認為是痔瘡不去看病，則會耽誤治療。

## 痔瘡的常見症狀有哪些？

痔瘡的常見症狀是「血、脫、痛」，即便血、脫出、墜痛。

便血——內痔早期主要症狀，有噴射狀出血、點滴出血、衛生紙帶血等，血色鮮紅，外痔不會引起出血。

脫出——中晚期內痔主要症狀，主要原因為內痔痔核結節增大，使粘膜及粘膜下層與肌層分離，排便時，內痔結節會下降到齒狀線以下，游離於肛管之外。

墜痛——為痛性外痔的主要症狀，內痔無炎症時不痛，墜痛常發生在內痔感染、嵌頓和絞窄性壞死，也常導致劇烈的墜痛。

此外，晚期內痔反覆脫出，會引起肛門擴約肌鬆弛和分泌物增多，致使肛緣常潮濕不潔，出現瘙癢和濕疹，嚴重時還會引起摩擦痛和癢痛，內痔出血還會引起貧血。頭暈、倦怠乏力、精力不佳、食欲不振、大便乾燥等是貧血的常見症狀。

## 痔瘡會帶來什麼危害？

現代醫學研究顯示，痔瘡不治將產生一系列繼發性危

害和疾病。

**壞死：**痔核脫出於肛門外，由於局部水腫、缺血不斷加重，最終會出現壞死，若壞死擴展到直腸壁，會引起嚴重的膿毒血症。

**感染：**痔核嵌頓後會出現不同程度的感染。病人出現裡急後重、肛門墜脹明顯等症狀，此時感染多侷限在肛門部分，如果治療不當，容易引起感染擴散，引起粘膜下、肛周膿腫。若脫落的細菌栓子沿靜脈上行，加上抗生素使用不當或未使用任何抗菌藥物，則會形成門靜脈菌血症甚至膿毒血症，亦可形成肝膿腫。

總之，痔瘡對人體有諸多危害，但痔瘡患者也不必過於緊張，只要能早期治療和適當處理，均可避免以上嚴重合併症的發生。

## 痔瘡的治療方法有哪些？

痔瘡分為內痔、外痔、混合痔。痔瘡的治療原則是：痔瘡需要進行治療，治療的目的在於減輕、消除主要症狀，而非根治。解除痔瘡的症狀較改變痔瘡的大小更有意義，視為治療效果的標準。從治療的角度來說，首先應採取一般治療，包括改變飲食結構、多飲水、保持大便通暢等，醫生應根據經驗和設備採用對患者最為有利的治療方法。如一般治療無效，可採用藥物治療和手術治療。

## 痔瘡的治療方法有：

### ◆藥物療法：

**1.枯痔散療法：**將枯痔散塗於痔核表面，使痔核壞死、乾枯脫落、傷口自癒，該法適用於Ⅲ期內痔及嵌頓痔。

**2.口服中藥：**運用益氣固脫、收斂止血、澀腸化痔的內服中藥，以減少出血或使出血停止、痔核縮小、減少脫出、減低或消除症狀，該法適用於任何患者。

**3.外用藥物：**一是採用清熱解毒、固脫澀腸的中藥，煎湯外洗，如苦參湯。可用於各種病人，均有較好療效。二是運用皮膚易吸收之中藥或中西藥合劑，作成藥膏、藥布、貼於臍部或骶尾部之長強穴進行治療，也有很好的療效。

### ◆手術療法：

外科手術療法，切除痔核，仍是目前最常用的治療方法，其特點為隨著手術方法的改進，手術中及手術後痛苦較輕，創面癒合快，療效肯定，但要求手術條件較高，是目前治療痔瘡最可靠的方法。

### ◆其他療法：

**1.藥物注射療法：**即硬化萎縮療法，將硬化劑直接注射於痔核內，可使痔核硬化萎縮或使痔栓壞死脫落。

**2.枯痔療法**：即藥撚療法，可使痔組織發生異常和化學炎症反應，引起纖維組織增生，達到治療痔瘡的目的。

**3.紅外線治療**：採用紅外線照射或燒烙痔核，進而使痔核萎縮。

**4.冷凍療法**：即使用冷凍機、液態氮作冷凍劑，把痔核凍成塊，讓其壞死脫落。

**5.鐳射療法**：採用$CO_2$或YAG鐳射切除痔核，適用於各類痔瘡。其特點是出血少。

## 痔瘡的保守療法有哪些？

**痔瘡的保守療法很多，主要有以下幾種方法：**

⑴**內治法**：是指採用內服藥物治療痔瘡的方法。中醫對痔瘡的治療強調整體觀念，針對不同的病因、病理、病位，不同的體質、年齡，進行不同的治療。中醫根據痔瘡多屬於濕熱風燥、火邪傷脈動血，以致氣血鬱滯，結而成塊的病機採用瀉火涼血、清熱潤燥、祛風除濕、益氣養血固脫的具體治則。

⑵**栓劑**：是指肛門局部給藥的方法。此種方法比口服藥物療效更好，由於直腸局部給藥直接作用於痔局部，發揮作用快、效果好，藥物經直腸吸收後，可直接進入大循環而不經過肝臟解毒。這樣既減少了肝臟對藥物的破壞，又減少了藥物對肝臟的刺激。同時直腸直接給藥可避免胃

酸和消化道酶對藥物的破壞，也避免了藥物對胃粘膜的刺激，因此栓劑的應用正日趨廣泛。

(3)**熏洗法**：熏洗法（亦稱坐浴法）是以中藥煎湯熏洗肛門會陰部，透過熱和藥的作用，促進血液循環，使氣血流暢，達到消腫減痛的目的。具體方法是將藥物水煎 10 分鐘後，先用蒸氣熏肛門局部，待水溫適合時，再進行肛門局部坐浴，中醫主張辨證論治，辨證施藥進行熏洗。

(4)**藥物塗敷療法**：是指將藥物直接塗敷於患處的方法。適用於痔核脫出、腫痛不適，或因分泌物過多而引起的肛門瘙癢，或手術後出血以及遺留創面等。

(5)**針灸療法**：針灸治療痔瘡有悠久的歷史，歷代醫家的著作中記載了多種治療痔瘡的穴位和方法。常用的穴位有攢竹、燕口、齦交、白環俞、長強、承山等。主要適用於內痔出血、脫出、腫痛和肛門墜脹不適等症狀，有獨特的療效。

(6)**挑治療法**：是近年來中國醫務工作者發掘並整理出的治療痔瘡的民間方法。主要有痔點挑治、穴位挑治和區域挑治三種。挑治療法雖不能使痔核消失，但可以改善局部血液循環，有消炎、止血、止痛的功效。不失為一種有效的保守療法。

(7)**擴肛療法**：各期內痔均可採用，對內痔合併絞窄引起疼痛、出血者效果較好。肛門失禁者、老人、產婦、腹瀉及用過硬化劑療法者不宜採用。該療法的副作用主要有

擴肛不當而引起肛門括約肌失禁，粘膜撕裂，粘膜下血腫及粘膜脫垂。因此目前對該療法尚有爭議。

⑻**自我按摩和氣功療法：**按摩和氣功療法可以改善局部血液循環，對於預防和治療痔瘡都有益處。主要方法是每日按摩尾骨尖的長強穴和做提肛運動，每日1～2次，每次30下，可適用於痔瘡、肛門鬆弛、排便無力等。

## 治療痔瘡的幾種藥膳

### ◆白糖燉魚肚

**功效：**止血消腫，適用於痔瘡。

**配料：**白砂糖 50 克，魚肚 50 克。

**製作：**將魚肚和白砂糖一同放在砂鍋內，加水適量，燉熟即可。

**用法：**每日1次，連續服用有效。

### ◆煮羊血

**功效：**化瘀止血，適用於內痔出血、大便出血。

**配料：**羊血200克，味精、米醋適量。

**製作：**將羊血切成小塊放入碗中，倒入米醋，煮熟後用少許食鹽調味。

**用法：**吃羊血。

◆清蒸茄子

功效：止痛，消腫，適用於內痔發炎腫痛、初期內痔便血、痔瘡便秘等症的輔助治療。

配料：茄子1～2個，油、鹽適量。

製作：茄子洗淨，放入碗內，隔水蒸熟後取出加鹽適量。

用法：佐餐食。

◆香蕉粥

功效：清熱，解毒，潤腸，適用於痔瘡出血、便秘、發燒等症狀。

配料：香蕉250克，白米50克，水適量。

製作：香蕉剝皮，和大米一同放入鍋中，加水適量，煮成粥。

用法：每日早晚服用。如治便秘，可在粥中加點香油。

# 痔瘡的體育療法

痔瘡是一種常見病，好發病，其最主要的原因是人體自身的生理特點所造成。適當地從事體育運動，能減低靜脈壓，加強心血管系統的機能，消除便秘，增強肌肉力量，這些對痔瘡的防治有著重要的作用。

**下面介紹幾種鍛鍊的方法：**

**1.提肛運動。**全身放鬆，將臀部及大腿用力夾緊，配合吸氣，舌舔上齶，同時肛門向上提收。像忍大便的樣子，提肛後稍閉一下氣，然後配合呼氣，全身放鬆。每日早晚兩次，每次做十幾下。

**2.舉骨盆運動。**仰臥屈膝，使腳跟靠近臀部，兩手放在頭下，以腳掌和肩部作支點，使骨盆舉起，同時提收肛門，放鬆時骨盆下放。熟練後，也可配合呼吸，提肛時吸氣，放鬆時呼氣。此法每日可堅持做1～3次，每次20下。

**3.旋腹運動。**仰臥，兩腿自然伸展，以氣海穴（臍下一寸處）為中心，用手掌做旋轉運動；逆時針旋轉20～30次，順時針旋轉20～30次，先逆後順旋轉。

**4.交叉起坐運動。**兩腿交叉，坐在床邊或椅子上，全身放鬆；兩腿保持交叉站立，同時收臀夾腿，提肛；坐下還原時全身放鬆，這樣連續做10～30次。

**5.體前屈運動。**兩腿開立，兩掌鬆握，自胸前兩側上

提至乳處，同時抬頭挺胸吸氣；氣吸滿後，上體成鞠躬樣前屈，同時兩拳變掌沿兩腋旁向身體後下方插出，並隨勢做深吸氣。如此連續操作5～6次。

**6.提重心運動。**兩腿併攏，兩臂側上舉至頭上方，同時腳跟提起，做深長吸氣；兩臂在體前自然落下，同時腳跟亦隨之下落踏實，並做深長呼氣，此勢可連續做 5～6次。

## 健康小叮嚀

### 治療痔瘡的幾個小偏方

1.用南瓜子的煎汁清洗肛門內側的痔瘡。做法是用南瓜子300克和水1公升煎煮至水減為半量。每日二次清洗患部。

2.把糙米蒸熟碾成粉末，加上牛奶、砂糖即可飲用。糙米營養豐富，對醫治痔瘡、便秘、高血壓等有較好的療效；咖啡能提神，拌上糙米，更具風味。

3.芝麻可以促進血液循環，防止因為淤血所造成的痔瘡。黑芝麻的效果比白芝麻高。可用黑芝麻的煎煮汁塗抹於患部，當作外用藥使用。

4.將整粒大蒜不去皮，用鋁箔紙包起來再烘烤，待變軟後再去皮，用紗布貼於患部。於睡前貼上，早上起床再取下，效果很好。

# 七、脂肪肝

　　隨著人們生活水準的提高和飲食結構的變化，脂肪肝的發病率在中國明顯上升。脂肪肝是一種肝臟代謝障礙。是指肝臟內脂肪儲蓄過多，正常情況下肝臟內脂肪占肝重的3%～5%，如果脂肪含量超過肝重的5%，即為脂肪肝。據調查顯示，廣州30歲左右的人群脂肪肝發病率為20%～30%，北京某國家機構公務員脂肪肝發病率為80%，商界人士脂肪肝發病率在90%左右，因為脂肪肝發病與現代人優裕的物質與生活方式密不可分，而被稱為現代「富貴病」，又因脂肪肝危害的嚴重性，國際衛生組織呼籲現代人：提高警覺脂肪肝！

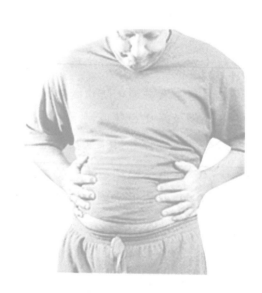

# 脂肪肝有什麼症狀？

## 1.食欲不振、乏力

此爲肝病患者常常伴有的症狀，患者若出現食欲不振、乏力、厭油、腹脹、肝區隱痛等，排除了感冒、急性胃炎以及其他肝病，均應懷疑患有脂肪肝的可能。

## 2.噁心嘔吐

噁心與嘔吐是臨床的常見症狀。主要表現爲上腹部的特殊不適感，常伴有頭暈、流涎、脈搏緩慢、血壓降低等症狀。

## 3.肝臟腫大

脂肪肝患者的肝腫大：約90％患者的肝臟可捫及，30％輕度肝腫大，如肝臟貯脂占肝重的40％以上時，可有明顯肝大，但爲無痛性。

## 4.蜘蛛痣

蜘蛛痣是皮膚小動脈末端分支性擴張所形成的血管痣，形似蜘蛛，故稱蜘蛛痣。蜘蛛痣出現的部位多在上腔靜脈分佈的區域內，如面、頸、手背、上臂、前胸和肩等。蜘蛛

痣的發生一般認爲與肝臟對體內雌激素的滅活減弱有關。常見於急、慢性肝炎，脂肪肝或肝硬化時。

## 脂肪肝對人有什麼危害？

### 假如脂肪肝得不到及時治療，會引發下列疾病：

**1.肝硬化、腹水。**因爲乾細胞內長期、大量的脂肪堆積，使其血液供應、氧氣供應及脂肪肝的代謝受到影響，造成乾細胞大量腫脹、炎症浸潤及變性壞死，並極易成爲肝硬化，引起腹水，危及生命安全。

**2.肝癌。**慢性重症脂肪肝患者還可能出現輕度高膽紅素血症、膽紅素尿及尿膽元增高和血蛋白與球蛋白的比例倒置，凝血酶元時間延長，導致癌症。

**3.脂代謝紊亂、中風偏癱、心梗。**肝臟是脂代謝、轉化的重要器官，長期肝內脂肪堆積可能造成血脂代謝異常，導致頑固性高血脂症及動脈硬化，引發中風偏癱等心血管疾病。

## 脂肪肝要做哪些檢查？

### 1.肝功能檢查

輕度脂肪肝，肝功能基本正常。中、重度脂肪肝，表現爲ALT、AST中、輕度升高，罕見高度升高。一般肥胖性脂肪肝ALT高於AST，反之，酒精性脂肪肝AST高於

ALT；血清膽紅素異常；80％以上血清膽鹼酶升高。

## 2.血清脂質分析

中性脂肪、總膽固醇、游離脂肪酸等均可升高，尤其是中性脂肪（甘油三酯）升高，最有診斷價值。約54％病例膽固醇升高，但血清膽固醇濃度與肝組織活檢肝內脂肪量無關。

## 3.肝活檢

肝的活檢是診斷脂肪肝的金標準。提倡在 B 超的引導下進行肝穿刺，以提高穿刺準確性，最大限度地減少肝臟損傷。但因其創傷性，有一定的危險性，較難爲病者接受，目前多作鑑別診斷之用。脂肪肝活檢標本：鏡下可見肝細胞脂肪浸潤，脂肪球大者可將細胞核推向一邊，整個肝細胞裂可形成脂肪囊腫。肝細胞壞死及炎症反應輕微或無。

## 4.肝臟 B 超檢查

應該說肝臟 B 超檢查，具有經濟、迅速、準確、無創傷等優點，目前列爲脂肪肝首選檢查方法。

## 5.CT 和 MRI

CT對診斷脂肪肝的準確性高於 B 超，對脂肪肝有診斷、分型、量化及鑑別論斷的意義。尤其對侷限性脂肪肝，能更清楚地與肝癌、肝血管瘤、肝膿腫等相鑑別。但

其價格較高，而MRI價格較CT更昂貴，對脂肪肝的診斷優勢不明顯。

## 運動可預防脂肪肝

運動處方預防脂肪肝還要提倡運動，運動可以消耗掉體內多餘的脂肪，甚至已經罹患脂肪肝的人，隨著飲食控制、堅持體育鍛鍊，適當進行一些慢步跑、快步走、騎自行車、上下樓梯、游泳等運動後，能消耗體內熱量，控制體重增長。而肥胖減輕之後，肝臟中的脂肪也會隨之消退，肝功能恢復正常，而無需藥物治療。若每天跑步，每小時至少 6 公里才能達到減肥效果。仰臥起坐或健身器械鍛鍊都是很有益的。

## 脂肪肝應如何治療？

目前對脂肪肝的治療仍以去除病因為主，在調整飲食的同時，可選擇適當的保肝、降脂藥物，並輔以對症治療。目前脂肪肝的治療方法主要包括以下幾點：

⑴**去除病因，治療原發病：**去除病因，控制原發病對脂肪肝的防治至關重要。尤須注意易被忽視的病因，如藥

物副作用、毒物中毒、肉鹼缺乏狀態、甲狀腺功能亢進或減退、肝豆狀核變性（Wilson病）、重症貧血及心肺功能不全的慢性缺氧狀態等。

(2)**調整飲食，改善營養失衡**：調整飲食是脂肪肝治療的重要環節。原則上應攝入新鮮蔬菜、瘦肉（以牛肉、羊肉為主）和富含親脂性物質的膳食，以使體重接近正常。

(3)**增加運動**：糾正不良行為及自我保健意識的教育，以維持理想體重及相對正常的血脂和血糖水準。運動治療對於肥胖病、糖尿病、高血脂症等所致脂肪肝的消退尤其重要。

(4)**藥物治療**：以促進肝內脂肪消退，防止肝細胞壞死、炎症及肝纖維化。膽鹼、蛋氨酸及維生素B族和一些血脂調整藥常被用來治療脂肪肝，但大多療效尚不確切，副作用較大，如應用不當反可加劇肝內脂肪沉積，甚至導致病人肝功能不全或惡化，故脂肪肝的治療重在去除病因、控制飲食、增加運動、降低體重，藥物治療僅起輔助作用，切勿本末倒置。

(5)**中醫中藥，辨證施治**：許多中藥如丹參、川芎、決明子、山楂、澤瀉等對於脂肪肝有效，可按照中醫辨證施治的原則組方，以減輕症狀。但應注意中藥治療脂肪肝並非十分有效，且長期服用中藥也有毒副作用。

## 8 種能夠抵抗脂肪肝的食物

**1.燕麥** 可降低血清膽固酸、甘油三酯。

**2.玉米** 含豐富的鈣、硒、卵磷脂、維生素 E 等，具有降低血清膽固醇的作用。

**3.海帶** 含豐富的牛磺酸，可降低血及膽汁中的膽固醇；食物纖維褐藻酸，可以抑制膽固醇的吸收，促進其排泄。

**4.大蒜** 含硫化物的混合物，可減少血中膽固醇，阻止血栓形成，有助於增加高密度脂蛋白含量。

**5.蘋果** 含有豐富的鉀，可排出體內多餘的鉀鹽，維持正常的血壓。

**6.牛奶** 因含有較多的鈣質，能抑制人體內膽固醇合成酶的活性，可減少人體內膽固醇的吸收。

**7.洋蔥** 不僅具有殺菌功能，還可降低人體血脂，防止動脈硬化；可啓動纖維蛋白的活性成分，能有效地防止血管內血栓的形成；前列腺素 A 對人體也有較好的降壓作用。

**8.番薯** 能中和體內因過多食用肉食和蛋類所產生過多的酸，保持人體酸鹼平衡。能吸收胃腸中較多的水分，潤滑消化道，起通便作用，並可將腸道內過多的脂肪、糖、毒素排出體外，起到降脂作用。

**9.綠茶** 每天上下午各用綠茶10克，開水浸泡後持續飲用。研究顯示，綠茶可化解中性脂肪，有利於清除肝內多餘的脂肪。

# 第三章
# 怎樣大修呼吸系統

由於大氣污染、抽煙、工業的發展導致理
化因數、生物因數的吸入以及某些營養素
的攝入減少等因素，使近年來呼吸系統疾
病如肺癌、支氣管哮喘等疾病的發病率明
顯增加。

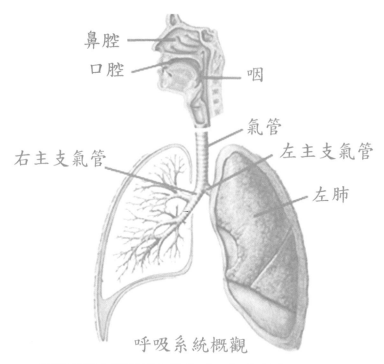

鼻腔

口腔

咽

氣管

右主支氣管

左主支氣管

左肺

呼吸系統概觀

呼吸系統由呼吸道和肺組成。通常稱鼻、咽、喉為上呼吸道，氣管和各級支氣管為下呼吸道。肺由實質組織和間質組織組成，前者包括支氣管樹和肺泡；後者包括結締組織、血管、淋巴管、淋巴結和神經等。呼吸系統的主要功能是進行氣體交換，即吸入氧，排出二氧化碳。

由於大氣污染、抽煙、工業的發展導致理化因數、生物因數的吸入以及某些營養素的攝入減少等因素，使近年來呼吸系統疾病如肺癌、支氣管哮喘等疾病的發病率明顯增加。據統計，呼吸系統疾病（不包括肺癌）在中國城市的死亡率病因中占第四位，在農村則占第一位。

# 一、感冒

感冒是一種急性傳染性鼻炎，俗稱「傷風」。是由呼吸道病毒引起的，其中以冠狀病毒和鼻病毒為主要致病病毒。感冒發作後繼發細菌感染。感冒起病時鼻內有乾燥感及癢感、打噴嚏、全身不適或有低熱，以後漸有鼻塞、嗅覺減退、流大量清水鼻涕、鼻粘膜充血、水腫、有大量清水樣或膿性分泌物等。若無併發症，病程約為7～10天。

在感冒中，流行性感冒則表現為症狀較重和傳染性較強。罹患流行性感冒的病人如果不能及時康復，有可能併發肺炎、中耳炎，甚至有少數病人還會併發心肌炎、腦炎等。

普通感冒往往體溫不高，多在38℃以下，但咳嗽、流鼻涕比較明顯，並且常常有一些誘發因素，比如勞累、天氣忽冷忽熱等。

# 感冒有哪些症狀？

從感染病毒到臨床出現症狀，這段時間稱為潛伏期。感冒患者的潛伏期通常為1～3天。感冒多數起病急，呼吸道症狀包括：打噴嚏、鼻塞、流涕，1～2天後，由於炎症向咽、喉部位發展，會相繼出現咽喉痛、咽喉部異物感，重者可出現吞嚥困難、咳嗽、聲音嘶啞，如無繼發細菌感染，則痰少，為白色粘痰。合併眼球結膜炎時，還會出現眼痛、流淚、怕光。除上述症狀外，還常伴隨輕重程度不一的全身症狀，如惡寒、發燒、全身疲軟無力、腰痛、肌痛、腹脹、納差，甚至出現嘔吐、腹瀉。有些患者，口唇部還會出現單純皰疹。上述症狀多在5～10天內自然消失。

## 感冒的中醫治療方法

感冒的中醫治法以辛涼解表為主。常選用菊花、薄荷、桑葉等。代表方劑為「銀翹散」、「桑菊飲」。服成藥可選用銀翹解毒丸（片）、羚翹解毒丸、桑菊感冒片、板藍根沖劑等。如發燒較嚴重、咽喉腫痛明顯，可以配服雙黃連口服液（沖劑）、清熱解毒口服液。這些藥具有較好的清熱解毒作用。罹患風熱感冒要多飲水、飲食宜清淡，可以喝蘿蔔湯或梨湯。

## 治療感冒的民間驗方

●薄荷葉、甘草各3克。開水沖泡，日服2次。

註：此方主治感冒初期輕症。

●紫蘇葉9克、黑棗10個。慢火熬湯，喝後即蓋被而睡。

註：此方主治感冒初期。

●紫蘇葉6克、薄荷葉6克。先用清水將藥材洗淨，再用溫開水浸泡當茶喝。

註：此方主治感冒初期或發燒無汗者。

●大青葉15克、葛根10克、綠豆30克（搗碎）。煎煮時勤攪拌，以防綠豆粘鍋將藥煎焦。日服2次。

註：本方主治重感冒或汗出著涼復發者。

●香附、紫蘇各9克、陳皮5克、甘草3克。水煎服，日服2次。

註：此方主治胃腸型感冒。

●薄荷9克、黃芩9克、紫蘇9克、生石膏20克、板藍根20克、蘆根12克、白芍12克、元蔘12克、連翹12克、橘紅12克。水煎服，日1劑、分2次服。

註：此方主治感冒喉痛發燒。

## 治感冒常喝的幾種粥

▼薄荷粥

【原料】　乾薄荷15克（新鮮品30克），粳米50～100克，冰糖適量。

【製作】　先將薄荷煎湯（不宜久煎，一般煮2～3分鐘），去渣取汁。粳米洗淨煮粥，待粥將熟時，加入冰糖適量及薄荷湯，再煮1～2沸即可。

【用法】　稍涼後服，每日1～2次。

【療效】　疏散風熱，清利咽喉。適用於風熱感冒，頭痛目赤，咽喉腫痛。並可作為夏季防暑解熱飲料。

【注意事項】　本品不宜多服、久食。秋冬季節不宜食。

## ▼蔥白粥

【原料】　蔥白 25克，淡豆豉 25 克，秈米 100 克，鹽 5 克，麻油 15克。

【製作】　蔥白切成顆粒狀，豆豉切成末，秈米洗淨瀝乾。麻油入鍋燒熱，蔥白、豆豉稍炒，然後加水、鹽、秈米煮沸，溫火煮至米爛即成。

【用法】　每日2次，空腹服食。

【療效】　散寒通陽，健胃祛毒。適用於傷風感冒、

寒熱無汗、頭痛鼻塞、咽喉腫痛、便結尿少、腹痛腹瀉等。

### ▼竹葉菜粥

【原料】 竹葉菜100克，赤小豆50克，糯米50克。

【製作】 竹葉菜切成段。赤小豆、糯米泡脹，加水燒開，等米粒煮熟放入竹葉菜即成。

【用法】 每日2次，空腹服食。

【療效】 清熱消腫，解毒涼血。適用於傷風感冒、熱病煩渴、水腫、結石便淋等症。

### ▼生薑粥

【原料】 生薑25克，秈米100克，飴糖150克。

【製作】 將生薑切末煮汁，入米煮粥，待粥熟時，加飴糖拌勻。煮沸即可。

【用法】 空腹服食，取微汗。

【療效】　消痰止咳，散寒止吐。適用於傷風感冒、鼻塞咳嗽、胃寒腹痛等。

### ▼防風粥

【原料】　防風10～15克，蔥白2根，粳米50～100克。

【製作】　取防風、蔥白煎取藥汁，去渣取汁。粳米洗淨煮粥，待粥將熟時加入藥汁，煮成稀粥。

【用法】　每日2次，趁熱服食，連服2～3日。

【療效】　祛風解表，散寒止痛。適用於感冒風寒、發燒畏冷、惡風、自汗、頭痛、身痛、風寒痹痛、關節酸楚、腸鳴腹瀉。對老幼體弱病人較適宜。

## 健康小叮嚀

### 治療感冒的幾個小竅門：

· 熱水泡腳

每晚用較熱的水（溫度以熱到不能忍受爲止）泡腳
15分鐘，要注意泡腳時水量要淹過腳面，泡後雙腳
要發紅，才可預防感冒。

· 生吃大蔥

生吃大蔥時，可將油燒熱淋在切細的蔥絲上，再與
豆腐等涼拌吃，不僅可口，而且可以預防感冒。

· 鹽水漱口

每日早晚、餐後用淡鹽水漱口，以清除口腔病菌。
在流感流行的時候更應注意鹽水漱口，此時，仰頭
含漱使鹽水充分沖洗咽部效果更佳。

· 冷水洗臉

每天洗臉時要用冷水，用手盛水洗鼻孔，即用鼻孔
輕輕吸入少許水（注意勿吸入過深以免嗆到）再擤
出，反覆多次。

· 可樂煮薑

新鮮薑20至30克，去皮切碎，放入一大瓶可口可樂
中，用鋁鍋煮開，趁熱喝下，防治流感效果良好。

· 熱風吹臉

感冒初期，可用吹風機對著太陽穴吹3至5分鐘熱
風，每日數次，可減少症狀，加速痊癒。

# 二、哮喘

哮喘是一種慢性支氣管疾病，患者的支氣管因發炎而水腫，下呼吸道變得狹窄，因而導致呼吸困難。臨床上以喘憋、乾咳為主，有白色粘痰，呼吸困難時會出現煩躁不安，口唇、指甲紫紺，無法平躺、端坐呼吸，嚴重時會出現「三凹症」。哮喘可以分為外源性及內源性兩類。

哮喘發病，其主要的危險因素包括：●兒童時期罹患氣道阻塞性疾病；●抽煙與社會經濟狀態在發病上起到一定作用；●某種特殊的職業環境。

哮喘好發於兒童和年輕人，據中國最新調查顯示，目前中國的哮喘病患者約2500萬，總發病率約為2％，成為中國第二大呼吸道疾病。從地域而言，中國的西藏地區由於氣候寒冷，植物、動物稀少，過敏源也較少，哮喘病發病率全國最低，僅為0.1％，東南沿海地區發病率達5％左右。

臨床統計，哮喘的死亡率很低，約為住院病人的1/10萬，但近年來該數字有所增加，究其原因為人群對哮喘發

病嚴重性認識還不夠、用藥也不足。

## 哮喘有什麼樣的症狀？

　　哮喘是一種呼吸道慢性炎症性疾病，由遺傳體質加上外在環境的刺激而引致，症狀主要有呼吸緩慢，呼氣深長，吸氣較短，哮鳴音明顯，伴有紫紺，出汗，手腳寒冷，臉色蒼白，脫水心慌，脈細數，神情驚慌。有時見咳嗽，痰粘稠，色白或黃，不易咳出，偶有血絲。伴隨感染時體溫可達39°C左右。如支氣管痙攣持續不止，或痰液阻塞細支氣管而不易咳出，則由於呼吸極度困難而窒息，又可因心力衰竭或體力衰弱而死亡。如在發作期間能將痰液咳出，則氣急、哮鳴、紫紺等症狀可逐漸緩解而恢復正常。

### 哮喘病的常見治療方式

　　一、西藥：應在醫生的指導下進行藥物治療，即使是非處方藥物也應在得到醫生指導後再自行購買使用。

　　**1.皮質激素類氣霧劑：**具有抗炎和平喘雙重作用，局部吸入給藥不會產生全身的副作用，適宜輕或中型哮喘。

　　**2.異丙腎上腺素氣霧劑：**支氣管擴張作用快，僅作為緩解支氣管痙攣時使用，每次噴吸2次，不可多用。

　　**3.硫酸舒喘靈（沙丁胺醇）：**口服，每日三次，或噴霧給藥，每隔4小時用1次，24小時內不宜超過8次。

**4.氨茶鹼：**每次0.1克，每日3次，飯後服用，每日總量不超過1克。

**5.祛痰劑：**如必嗽平（溴己新），每次8～16毫克，每日3次口服。

**6.抗生素：**合併感染時用。

**7.抗過敏藥物：**如色甘酸鈉吸入用膠囊劑，主要作用是阻止支氣管粘膜中的肥大細胞釋放組織胺和慢反應物質，而達到抗過敏的目的。另一種預防過敏的藥物為富馬酸酮替芬，可以減少過敏性哮喘發作次數和縮短哮喘持續時間。每日口服2次，每次1～2mg。其作用緩慢，要到6～12週以後，療效最明顯。

**二、中成藥：**須在中醫辨證施治的基礎上選用。

## 1.發作期

(1)屬冷哮型的，宜宣肺散寒，豁痰平喘，可選用麻黃止嗽丸、橘紅痰咳沖劑等。

(2)屬熱哮型的，宜宣肺清熱，滌痰利氣。可選用牛黃蛇膽川貝散、橘紅丸、清氣化痰丸、牛黃清熱散等。

## 2.緩解期

(1)屬脾肺氣虛型的，宜健脾益氣，補土生金。可選用人參補丸等。

(2)屬肺腎陰虛型的，宜肺腎雙補。可選用固腎定喘丸、利肺片、金貞桂附地黃丸等。

## 哮喘患者的飲食調養

哮喘是呼吸系統的常見疾病，在冬、春發病率最高。罹患此病的人除了到醫院治療外，還應從飲食上加以調治。

由於哮喘患者大多體質差、消瘦，因此應補充足夠的蛋白質，如：瘦肉、雞蛋、牛奶、黃豆及豆製品，但應少吃蝦、蟹、鹹魚、牛奶等食物，以防過敏。同時，哮喘病熱量消耗大，所以飲食上應多補充熱量，如米、麵等。患者還要注意多吃富含維生素和礦物質的食物，以增強抵抗力。哮喘者也可採取以下食療方：

1.經霜白蘿蔔適量，水煎代茶飲，可治哮喘、咳嗽。

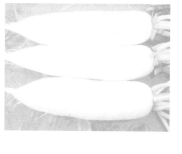

2.將蚯蚓乾焙研細粉，裝入膠囊服用。每日服3克，每日2～3次，對支氣管哮喘有一定療效。

3.椒目即花椒的種子，有平喘、消腫之功。將椒目研為細粉，裝入膠囊，每粒裝0.4克。每次服6～8粒，每日2～3次，3～7天為1療程，對支氣管哮喘有一定作用。

4.銀杏適用於哮喘痰多者。每日用量 3～9 克或 5～10 個，煮熟、炒熟、入煎劑均可。本品不可服食過量，更不能生吃，否則會產生毒性。

## 健康小叮嚀

**哮喘患者的日常注意事項：**

1.在日常生活中，應注意生活規律，保證充足的休息和睡眠，消除疲勞，增強身體的抗病能力。

2.加強體育鍛鍊，增強體質，可選擇打乒乓球、打太極拳、做早操、散步等有氧運動。

3.不抽煙、不喝酒，減少對呼吸道的刺激。

4.對於空氣中的塵埃、塵蟎、花粉、地毯、動物毛髮、衣物纖維等過敏也應當減少接觸。

5.在秋冬季節，避免受涼，積極預防感冒，對容易感冒者，應盡早進行預防接種。

# 三、鼻炎

鼻炎，指的是鼻腔粘膜和粘膜下組織的炎症。鼻炎的症狀林林總總。從鼻腔粘膜的病理學改變來說，有慢性單純性鼻炎、慢性肥厚性鼻炎、乾酪性鼻炎、萎縮性鼻炎等；從發病的急緩及病程的長短來說，可分爲急性鼻炎和慢性鼻炎。此外，有一些鼻炎，雖發病緩慢，病程持續較長，但有特定的致病原因，因而便有特定的名稱，如變態反應性鼻炎（亦即過敏性鼻炎）、藥物性鼻炎等。

隨著城市生活日趨現代化，汽車廢氣、化妝品、裝飾材料和食品添加劑等，這些都是引發鼻炎（包括過敏性鼻炎、慢性鼻炎、慢性鼻竇炎等等）的主要原因。目前罹患鼻炎的人數越來越多，而且趨向低齡化。鼻炎患者正在逐年增加，對人體的危害更不容忽視，得了鼻炎一定要及時治療，千萬莫讓鼻炎發展釀成大病。

## 鼻炎有什麼樣的症狀？

　　鼻炎發病的臨床症狀各異，危害極大，當影響鼻腔的生理功能時，會出現呼吸障礙，引發血氧濃度降低，影響其他組織和器官的功能與代謝，而出現一些如頭痛、頭暈、記憶力下降、胸痛、胸悶、精神委靡等，甚至會併發肺氣腫、肺心病、哮喘等嚴重併發症。而當鼻炎未能得到及時治療，影響嗅覺粘膜時，就會出現嗅覺障礙，導致聞不到香、臭等氣味。

## 鼻炎對人體有什麼危害？

　　當長期反覆發作的鼻竇炎未得到及時治療，炎症就會擴散至鄰近器官、組織，而併發如額骨骨髓炎、眶骨壁骨炎及骨膜炎、眶壁骨膜下膿腫、眶內蜂窩織炎、球後視神經炎、硬腦膜外膿腫、硬腦膜下膿腫、化膿性腦膜炎、腦膿腫、海綿竇血栓性靜脈炎等多種危重急症。

　　全世界80％的鼻咽癌發生在中國，而約九成的鼻咽癌，是因鼻炎久治不癒惡化所致。鼻炎所導致的其他併發症還有：因長時間鼻塞不通氣，呼吸困難，引發睡眠呼吸暫停綜合症；患者下鼻甲肥大，睡眠時氧氣不足，嚴重情況下會引起腦梗塞、高血壓、突發心臟病等，個別患者甚至會夜間猝死。因此對鼻炎千萬不可掉以輕心，罹患鼻炎時，應當及時治療，以避免引發嚴重併發症。

## 鼻炎的治療方法

鼻炎的治療方法有很多，但鼻炎治療時具體採用何種方法需要醫院耳鼻喉科醫生根據實際情況來決定。以下就鼻炎的各種治療方法做一個簡單的介紹。

**1.口服藥物：**主要是對鼻炎的原發病因進行治療，根據不同的鼻炎，用藥有所區別，過敏性鼻炎需要抗過敏治療，如息斯敏、撲爾敏等。一般的慢性鼻炎可以服用霍膽丸、種種鼻炎片等。萎縮性鼻炎則需要服用維生素類藥物。

**2.局部滴鼻藥物：**滴鼻藥物主要用來緩解鼻炎的症狀，鼻油可以緩解乾燥性鼻炎的乾燥，呋麻合劑則可以緩解鼻腔阻塞，激素類滴鼻液則有助於減輕過敏性鼻炎的打噴嚏流清水涕等症狀。

**3.中藥偏方：**可以作為治療鼻炎的參考。目前已經有很多偏方都製成了中成藥，請遵照醫生醫囑。

**4.手術：**手術主要用於藥物治療後效果不明顯的鼻炎，可以解決鼻塞症狀。適用於鼻甲肥大導致的鼻腔阻塞，或者鼻腔極度乾燥的萎縮性鼻炎等。

**5.鐳射或者微波治療：**適用於鼻腔阻塞，並對打噴嚏有一定的好處。通常不解決流鼻涕的問題。

**6.低溫等離子射頻治療鼻炎：**適用症同鐳射和微波，但損傷和副作用比較小。

## 鼻炎應如何預防？

**鼻炎的預防方法有：**

(1)增強機體抵抗力，用冷水洗，勞逸結合，治療上呼吸道疾病。

(2)在急性流行期間，患者外出戴口罩，勿去公共場所。

(3)積極治療感冒勿使其轉變爲慢性，注意氣溫急劇變化，不抽煙。

(4)治療全身性的慢性病。

(5)勿用滴鼻淨等類藥物導致藥物性鼻炎。

## 鼻炎的食療方

中醫治療鼻炎，通常採用消炎、通竅，溫中扶正祛邪諸法，而採用以下食療也正是達到上述治療作用。

**1.絲瓜藤煲豬瘦肉：**清熱消炎，解毒通竅，主治慢性鼻炎急性發作，萎縮性鼻炎，鼻流膿涕，腦重頭痛。

取近根部的絲瓜藤3～5克洗淨，豬瘦肉60克切塊，同放鍋內煮湯，至熟加少許鹽調味，飲湯吃肉，五次為一療程，連續食用1～3個療程自癒。

**2.辛夷煮雞蛋：**通竅，止膿涕，減輕頭痛，滋養扶正，主治慢性鼻竇炎，流膿涕。

用辛夷花15克，入砂鍋內，加清水2碗，煎取1碗；雞蛋2個，煮熟去殼，刺小孔數個，將砂鍋置於火上，倒入藥汁煮沸，放入雞蛋同煮片刻，飲湯吃蛋。

**3.柏葉豬鼻湯：**消炎通竅，養陰扶正，主治鼻流臭涕。

取豬鼻肉66克刮洗乾淨，用生柏葉30克，金釵斛6克，

柴胡10克同放砂鍋內，加清水4碗煎取1碗，濾除藥渣，沖入蜜糖60克，30度米酒30克，和勻飲之。

**4.黃花魚頭湯**：扶正祛邪，補中通竅。主治慢性萎縮性鼻炎，感冒頻繁。

取頭魚100克，洗淨後用熱油兩面稍煎待用。將大棗15克去核洗淨，用黃花30克，白術15克，蒼耳子10克，白芷10克，生薑3片共放砂鍋內與魚頭一起熬湯，待熟吃肉飲汁。

**5.羊粉**：主治慢性鼻炎

取羊睪丸一對，洗淨後，放砂鍋內焙黃（不可炒焦、炒黑），研成細末，用溫開水或黃酒服下。每對睪丸一日分兩次服完，連續食用2～3天見效。

## 健康小叮嚀

**鼻塞的家庭療法：**

**1.煎熏法：**
將蔥白一小把或將蔥頭（洋蔥）三、四個切碎熬湯，用鼻吸熱氣，或將食醋燒開吸醋氣，療效都較好。

**2.填充法：**
將蔥白搗爛取其汁滲入藥棉內，將藥棉塞進鼻孔，或將大蒜瓣1個削成比鼻孔稍小的圓柱形，用薄層棉花或

紗布包好塞入鼻孔，效果也不錯。

### 3.側臥按摩法：

左側鼻塞向右臥，右側鼻塞向左臥，用雙指夾鼻按揉雙側迎香穴1～2分鐘，鼻塞可除。

### 4.熱敷法：

用熱毛巾敷鼻，或用吹風機對著鼻孔吹熱風，吹雙側太陽穴、風池穴、大椎穴，鼻塞可解。

### 5.冷水漱鼻法：

每天早晚洗臉時，用鼻孔將冷水吸入鼻腔，再透過呼氣將水排出，剛開始時，鼻腔受冷水刺激會打幾個噴嚏，多做幾次適應後就習慣了。

### 6.按摩：

用拇指、中指捏揉鼻翼兩側20～30次。按壓鼻通、虎口（合谷）各1分鐘。以上手法，每日早晚各1次。

### 7.灸法：

艾灸，當發生流清涕和鼻塞時，用艾條採用溫和灸法，取一側或兩側外關，灸30分鐘或更長一些時間。

# 四、肺炎

　　肺與大氣相通，全身血液流經肺臟，易遭受病原微生物的侵襲導致肺部炎症，通常稱爲肺炎。肺炎是由多種病源菌引起的肺充血、水腫、炎性細胞浸潤和滲出性病變。臨床上常見，可發生於任何的人群。臨床表現主要有發燒、咳嗽、咳痰、呼吸困難、肺部X光可見炎性浸潤陰影。

　　正常情況下，由於人體呼吸道防禦機制，病原體進入體內不一定會發病，有些因素可使其防禦功能下降，病原體趁虛而入，導致機體發病。這些誘因包括：

　　①上呼吸道病毒感染：病毒感染能破壞支氣管粘膜的完整性，影響粘液——纖毛活動，進而導致細菌的感染。

　　②突發事件、饑餓、疲勞、酒醉等，消弱全身抵抗力，使細胞吞噬作用減退，免疫功能減弱，導致發病。

③昏迷、麻醉、鎮靜劑過量，易發生異物吸入，引起細菌感染。

④罹患一些基礎疾病，如免疫缺陷、糖尿病、腎功能衰竭等，也是易感因素。

肺炎是常見病，中國每年約有250萬例肺炎發生，12.5萬人因肺炎死亡，在各種致死病因中居第5位。

## 肺炎一般有哪些症狀？

肺炎的主要症狀是咳嗽、咳痰、發燒、胸痛等。細菌性大葉性肺炎，常見於完全健康的人，突然寒戰與高燒起病，如不治療則可發展為持續高燒，並出現劇烈咳嗽和咳痰，痰為紅色或鐵銹色，常有胸痛。重症肺炎病人不一定有高燒和顯著白血球增多。由假單胞菌（如：綠膿桿菌）和克雷伯桿菌引起的肺炎，雖然病情兇險，但常僅出現中度發燒，白血球甚至不增多，嚴重肺炎影響呼吸面積及發生循環衰竭時，可出現紫紺、臉色蒼白、四肢濕冷等表現。

## 肺炎有哪些危害？

肺炎經常是其他衰竭性疾病的最終併發症，這就是許多人在罹患肺炎後死亡的原因。身體抵抗力已經很弱的人非常容易罹患肺炎，所以那些罹患心力衰竭、癌症、中風或慢性支氣管炎的垂危病人，其真正死亡原因常常是肺

炎。對任何一個半昏迷或癱瘓的人來說，肺部受到感染是件極其容易發生的事。

## 肺炎病人應做哪些檢查？

一旦懷疑自己罹患肺炎，應及時去醫院做進一步檢查，以明確診斷並及時治療，以免貽誤病情。首先應向醫生說清楚自己發病的情況及症狀，對罹患肺炎的病人通常應做以下檢查：

### ●抽血檢查

這是最常用的檢查方法，其中包括白血球總數，各種白血球在白血球總體中所占的百分比。正常人白血球總數在 $4 \sim 10 \times 10$ 9個／L，中性白血球百分比小於70%，如果白血球總數超過 $10 \times 10$ 9個／L，中性白血球百分比超過70%，我們就說這個病人的血象高，這是細菌性肺炎常見的血象改變。

### ● X光胸部檢查：

透過為病人進行X光胸部檢查，可以直接瞭解肺部的變化，這是診斷肺炎的重要方法。

雖然透過血象和X光胸部檢查可以診斷肺炎，但肺炎是由什麼病原體引起的，是由細菌，還是由病毒、支原體、真菌等引起的，細菌的種類是什麼，上述兩項檢查就不能告訴我們了，只能採集患者的痰、血做培養有可能眞

正找出致病菌。醫生們就可以採用針對病原體敏感的藥物進行治療了。

抽血、胸部X光檢查及痰的檢查是罹患肺炎病人進行的最基本檢查，除此之外還有胸部CT檢查（醫學上稱為電腦斷層掃描）。但是如果病人在同一部位反覆發生肺炎或X光胸部上有其他可疑的病變，而一般檢查難以明確診斷時，就需要進行胸部CT檢查或其他更進一步的檢查。

## 肺炎的治療方法是什麼？

1.抗菌藥物治療，這是治療的關鍵。當懷疑或確診為肺炎球菌肺炎時，青黴素G為首選藥物，其他可用頭孢菌素，大環內酯類藥物，輕者口服或肌肉注射，中度以上應靜脈注射、打點滴治療。

2.支持療法，臥床休息，進食清淡易消化飲食，多食富含維生素的水果、蔬菜，發燒病人注意飲水，補充液體。

3.對症處理，如退熱、止咳、去痰、平喘，如有咳血時可使用止血藥物，有呼吸困難時要注意吸用氧氣。

### 治療肺炎的幾種藥膳

**1.複方銀菊茶**　金銀花21克，菊花、桑葉各9克，杏仁6克，蘆根30克（新鮮者加倍），水煎，去渣，加入蜂蜜30克，代茶飲。適用於肺炎初期症屬風熱犯肺者。

**2.蘆根竹瀝粥**　蘆根60克（新鮮者加倍），水煎，濾汁去渣，加粳米50克和適量水，共煮成稀粥，加入竹瀝30克，冰糖15克，稍煮後即可服食，每日1～2次。肺炎症屬肺熱壅盛者，可服此粥，作為輔助治療。

**3.複方魚腥草粥**　魚腥草、金銀花、蘆根、生石膏各30克，竹茹9克，水煎，濾汁去渣，加粳米100克及適量水，共煮成稀粥，加冰糖30克，稍煮。1日內分2次服食。適應症同上。

**4.五汁飲**　荸薺汁、新鮮蘆根汁、新鮮藕汁、梨汁、麥冬汁各等量混合。每次飲服30毫升，每日3次。適用於肺炎恢復期症屬我耗傷，表現為低燒、口渴和心煩者。

## 健康小叮嚀

肺炎的家庭治療措施：

### 1.冷敷

肺炎一般都伴有高燒，此時，可以用一個冰袋放在患者的頭上，以降低體溫、緩解不適，也可以用酒精擦浴或用溫水擦浴，同時要多飲水。（可以參見《亡卷》第一章發燒的治療方法。）

### 2.多通風換氣

在易發病的冬、春季節應保持室內的空氣流通，少去人多雜亂的公共場所，以避免細菌感染。

### 3.適當運動

平時應注意鍛鍊身體增強抗病能力，免疫力衰弱是感染肺炎的主要原因。

### 4.增加空氣濕度

用濕氣機產生冷的水氣對肺炎有幫助，也可以在胸口熱敷，減輕疼痛。

# 五、支氣管炎

支氣管炎是指氣管、支氣管粘膜及其周圍組織的慢性非特異性炎症。臨床上以長期咳嗽、咳痰或伴有喘息及反覆發作為特徵。主要原因為病毒和細菌的重複感染形成了支氣管的慢性非特異性炎症。當氣溫驟降、呼吸道小血管痙攣缺血、防禦功能下降等利於致病；煙霧粉塵、污染大氣等慢性刺激亦可發病；抽煙使支氣管痙攣、粘膜變異、纖毛運動降低、粘液分泌增多有利感染；過敏因素也有一定關係。

## 支氣管炎有什麼樣的症狀？

⑴咳嗽　長期、反覆、逐漸加重的咳嗽是本病的突出表現。輕者僅在冬、春季節發病，尤以清晨起床前後最明顯，白天咳嗽較少。夏、秋季節，咳嗽減輕或消失。重症患者則四季均咳，冬、春加劇，日夜咳嗽，早晚尤為劇烈。

(2)**咳痰** 一般痰呈白色粘液泡沫狀,晨起較多,常因粘稠而不易咳出。在感染或受寒後症狀迅速加劇,痰量增多,粘度增加,或呈黃色膿性痰或伴有喘息。偶因劇咳而痰中帶血。

(3)**氣喘** 當合併呼吸道感染時,由於細支氣管粘膜充血水腫,痰液阻塞及支氣管管腔狹窄,可以產生氣喘(喘息)症狀。病人咽喉部在呼吸時發生喘鳴聲,肺部聽診時有哮鳴音。這種以喘息為突出表現的類型,臨床上稱之為喘息性支氣管炎;但其發作狀況又不像典型的支氣管哮喘。

(4)**反覆感染** 寒冷季節或氣溫驟變時,容易發生反覆的呼吸道感染。此時病人氣喘加重,痰量明顯增多且呈膿性,伴有全身乏力、畏寒、發燒等。肺部出現濕性音,白血球數量增加等。

## 支氣管炎要做哪些檢查?

**1.X光檢查:**早期往往呈陰性,隨著病變的進展,支氣管壁增厚,細支氣管或肺泡間質有炎症細胞浸潤,X光片上可發現兩肺紋理增加,呈條狀或網狀,下肺野多於上肺野。發展至肺氣腫時,則肺野透亮度增加,膈下降且平坦,活動減弱,肋間隙增寬等。

**2.肺功能檢查:**早期無明顯改變,急性發作期可出現閉合氣量增加和最大通氣量及1秒鐘呼氣量減低,經治療後

可恢復至正常。若併發肺氣腫時肺功能測定則有較大的幫助。

**3.痰培養**：可分離出流感桿菌、肺炎雙球菌、甲型鏈球菌等致病菌。急性發作期白血球計數量及中性粒細胞數量可增高。喘息型血嗜酸性粒細胞增多。

## 支氣管炎的治療方法

目前，支氣管炎的治療方法主要為藥物治療。

### 一、急性發作期

**1.止咳、化痰、解痙、平喘。**

**2.抗感染。**

### 二、緩解期

**1.預防感冒**：可使用流感疫苗、核酪、酯多糖注射液等。中草藥可用貫仲、野菊花、大青葉等。

**2.積極鍛煉，增強體質**：如呼吸操、耐寒鍛鍊等。

**3.消除致病因素**：戒煙、消除灰塵、避開有害及刺激性氣體。

**4.清除病灶**：如鼻炎、鼻竇炎、咽炎等。

# 支氣管炎應如何預防？

**加強體育鍛鍊**，提高抗病能力。如進行耐寒鍛鍊、散步或練氣功，持續冷水浴等。改善環境衛生，防止大氣污染，戒煙。

**及時預防和治療感冒**。因為感冒是引起急性發作的誘因。同時根治鼻炎、咽喉炎、慢性扁桃腺炎等上呼吸道感染，對預防本病發作有重要意義。注意增減衣服，愼防外邪侵入，注意室內空氣流通，注意養生。

**自我按摩**。針對三裡、迎香、太陽、百會穴輕輕按揉，常年不斷。平素注意飲食調養，多吃蘿蔔、梨、冬瓜、西瓜等新鮮蔬菜、水果，以養肺清熱化痰。愼食辛辣、酒類等有刺激性食物。

**免疫療法**。常用三聯菌苗，通常在發作前開始應用，每週皮下注射一次，劑量自0.1ml開始，每次遞增0.1ml，直到1ml為維持量，療程3個月。有效者應堅持2～3年。

## 支氣管炎的冬季調理滋補菜

冬天天氣寒冷，空氣乾燥，是支氣管炎好發的季節，吃藥只能緩解症狀，卻還是會有不適。下面的幾項食譜，可以改善支氣管炎的不適症狀。

⑴**百合花生粥** 百合15克，花生15克，糯米30克，花生加水煮20分鐘，加入糯米煮粥，煮沸後，再加入百合，再煮2～3沸即可。每日睡前服食，3～5次為一療程。具有補

肺養陰、健脾寧咳之功能。適治慢性氣管炎、肺氣腫、哮喘、肺心病、肺結核，以及肺膿瘍、百日咳恢復期的調養。

⑵**蘿蔔杏仁豬肺羹**　蘿蔔500克，苦杏仁15克，豬（牛）肺 250 克，食鹽適量。蘿蔔切塊，杏仁去皮尖，豬肺洗淨後用沸水燙 1 次，三者一起放入瓦鍋內煮至熟爛，加食鹽調味。吃豬肺喝湯。每週 2～3 次，連服 30 次。對慢性支氣管炎患者適用。

⑶**柚子肉燒雞**　雄雞1隻（約500克左右），去毛和內臟。柚子1個去皮留肉，塞入雞肚，加清水適量燒熟，吃雞飲湯。每兩週1次，連服3次。此方是老年慢性支氣管炎患者的滋補食譜。

⑷**南瓜牛肉湯**　瘦牛肉250克、生薑6克，加水燉煮至八分熟，加南瓜50克（去皮），同燉至熟，加鹽、味精調味。每日分2～3次服食。有化痰、排膿、利肺的功用。適用於慢性支氣管炎，以咳嗽黃痰為宜，也可治肺癰。

⑸**白果煲豬肚**　白果105個、山藥50克、芡實30克、豬肚1個，先將豬肚洗淨，後把白果（去殼心）、山藥、芡實等塞入豬肚中，慢火燉熟。佐餐服用。有斂氣定喘、固脾腎的作用，對慢性支氣管炎、哮喘、咳嗽等有效。

# 支氣管炎排痰三法

支氣管炎患者及其家屬應學會以下排痰法，以減輕臨床症狀和避免因痰窒息導致的悲劇發生。

**1.蒸氣吸入法**：在慢性支氣管炎發作期間，自感有咳痰不爽、胸悶氣阻，這是因為痰液過於粘稠，附著於支氣管壁，難於用咳嗽的方法使之自行排出的緣故。此時可用直徑為10～15公分的深桶杯盛半杯開水，將口鼻入杯口，用力吸蒸氣。待水稍涼再換開水，反覆2～3次，便可將痰順利咳出。

**2.走動轉體法**：較長時間臥床的病人，其咳喘症狀都較為嚴重，行動也感吃力。因此，在氣候較為溫和的中午，應設法讓稍能走動的患者在室外漫步；畏懼寒冷者也應在室內活動。即使是確實不能起床者也應由家屬經常為之翻身、拍背，因為這些活動所造成的體位改變和肺部震動，都有利於血液循環和體液循環，更利於痰液排出。

**3.緊急摳痰法**：嚴重的慢性支氣管炎病人，很可能因感染嚴重，氣管粘液、炎症滲出白血球、脫落的上皮細胞太多而形成大量塊狀痰。病人發生痰阻時，家屬即用餐匙柄壓舌，將裹有紗布的手指伸向其喉，將阻塞的痰塊摳出，便可達到急救的目的。

# 六、肺氣腫

肺氣腫是慢性阻塞性肺疾病的一種，此種疾病的病患吸入的空氣因支氣管狹窄或阻塞導致不易從支氣管呼出，而使肺變得好像塞滿空氣的氣球，慢慢的其肺泡組織會被破壞、減少、消失，此時的肺組織不只喪失大部分的氣體交換的功能，而且還會壓迫旁邊的肺正常組織，所以此類病人最明顯的臨床症狀就是氣喘、呼吸困難、無法過度運動，肺組織的破壞亦會隨時間的消失而更趨嚴重。一些體質虛弱、免疫力低下的年輕人也很容易罹患肺氣腫。

一般而言，有明顯肺氣腫的症狀的患者，應先考慮接受內科治療，通常即可達到很好的臨床解除，但對於少部分患者當其肺氣腫的氣泡集中在部分肺葉時，則外科切除便成爲當內科治療效果不佳時的另一治療方式。

## 肺氣腫的症狀是什麼？

慢性支氣管炎併發肺氣腫時，在原有咳嗽、咳痰等症狀的基礎上出現了逐漸加重的呼吸困難。最初僅在勞動、爬樓梯或登山、爬坡時有氣急；隨著病變的發展，在平地活動時，甚至在靜息時也感到氣急。

當慢性支氣管炎急性發作時，支氣管分泌物增多，進一步加重通氣功能障礙，有胸悶、氣急加劇，嚴重時會出現呼吸功能衰竭的症狀，如紫紺、頭痛、嗜睡、神志恍惚等。

# 肺氣腫需要做什麼檢查？

### 1. X 光檢查：

胸廓擴張，肋間隙增寬，肋骨平行，活動減弱，膈降低且變平，兩肺野的透亮度增加。

### 2.心電圖檢查：

一般無異常，有時可呈低電壓。

### 3.呼吸功能檢查：

對診斷阻塞性肺氣腫有重要意義。

### 4.血液氣體分析：

如出現明顯缺氧、二氧化碳瀦留時，則動脈血氧分壓（$PaO_2$）降低，二氧化碳分壓（$PaCO_2$）升高，並可出現失代償性呼吸性酸中毒，pH值降低。

### 5.血液和痰液檢查：

一般無異常，繼發感染時似慢性支氣管炎急性發作症狀。

# 肺氣腫有哪些治療方法？

## 1.氧氣療法

慢性支氣管炎、肺氣腫、肺心病的基本病理環節是小氣道阻塞，達到一定程度時即引起缺氧，進而影響機體正常的生理功能或危及生命，故對慢性支氣管炎、肺氣腫、肺心病患者及時進行正確的氧氣療法，實爲重要的治療措施。

## 2.去痰及霧化吸入治療

肺氣腫患者，支氣管粘液腺增生、肥大、分泌亢進、痰量較多。合併感染後滲出增加，痰液進一步增多，往往比較粘稠，難以或無力咳出，加重氣道阻塞和感染。霧化吸入除了去痰外，尚有良好的氣道濕化、給藥及消炎作用。

## 3.氣管擴張劑治療

肺氣腫患者由於受多種外界因素的不良刺激，以及體內生理過程的紊亂，支氣管存在炎症以及痙攣。因而患者感到喘息、呼吸困難，出現紫紺，爲了緩解臨床症狀，改善氣道痙攣，阻斷以後的血氣及心血管方面的繼發病變，及時正確地使用支氣管擴張劑是治療的重要方面。

## 4.血管擴張劑治療

肺氣腫、肺心病患者，由於長期缺氧，導致肺小動脈

收縮，阻力增高。急性發作時收縮加劇，產生肺動脈高壓，右心衰竭。此時可給強心、利尿劑治療，但缺氧的心臟對強心劑比較敏感，易導致中毒，利尿劑可引起電解質紊亂，故應用受到一些限制。臨床還可能給予血管擴張劑治療，常收到較好療效。

### 5.呼吸興奮劑治療

肺氣腫、肺心病晚期，會發生呼吸衰竭，產生嚴重的缺氧及二氧化碳潴留，出現神經系統包括意識方面的症狀，此時呼吸中樞也處於抑制狀態，稱為肺性腦病，往往預後欠佳。治療的根本是提高通氣量，增加氧的吸入和二氧化碳的排出，因此可使用呼吸興奮劑治療，以興奮呼吸中樞或周邊化學感受器，增加呼吸驅動力，使潮氣量及呼吸頻率增加，通氣量增加，達到緩解缺氧及二氧化碳潴留的目的。

### 6.機械通氣治療

機械通氣通常用於急性呼吸衰竭，慢性支氣管炎、肺氣腫、肺心病、急性病發作時，由於氣道感染，支氣管痙攣，阻力增加，通氣急劇減少，會在原有基礎上發生急性呼吸衰竭。如果經氧氣療法、抗生素、解除支氣管痙攣藥物治療效果不好，出現明顯缺氧及二氧化碳潴留，出現紫紺、煩躁、多汗恍惚、嗜睡甚至昏迷。測$pao_2 < 7.315kpa$，$paco_2 > 7.315kpa$，且有繼續加重趨勢時，即可運用機械通氣治療。

### 7.肺減容手術

　　肺減容手術是將肺表面的大泡和肺氣腫嚴重部分切除，使肺容量減少20％，肺功能得到改善。這是因為：①肺的彈性回縮力增強，使細支氣管周圍組織對細支氣管牽拉力增強，進而使細支氣管擴張，消除阻塞；②可使通氣血流比例失調情況得到改善；③過度擴張的胸廓縮小，從而使呼吸肌肌力恢復；④回心血量增加，右心功能不全得到改善。

## 治療肺氣腫的保健藥膳

### ●貝母冬瓜

　　冬瓜一個，切去上端當蓋挖出瓜瓤，置入浙貝母 12 克，杏仁 10 克，冰糖少許入鍋內蒸熟後早晚分服，止咳、化痰潤肺。

### ●南瓜膏

　　南瓜3個去籽切塊，加水煮爛取汁，加入麥芽1000克及生薑汁50克，文火熬成膏，日服70克。

●蛤蚧童子雞

蛤蚧 1 對，童子雞 1 隻（約 1000 克左右）。童子雞去毛及內臟，洗淨，與蛤蚧及蔥、薑、鹽一起加水，燉至熟爛，吃肉喝湯。每週 2～3 劑，每日 1 次，隨意食用。補、肺、脾、腎，適用於肺氣腫動輒氣喘者。

●芝麻羹

黑芝麻250克，白蜜、冰糖各120克。黑芝麻與適量生薑汁同炒，白蜜蒸熟，冰糖搗碎蒸溶，各味混勻貯瓶備用。早晚各服1匙，1日2次。溫中納氣，適用於腎虛型肺氣腫。

## 肺氣腫患者的一日食譜

早餐：綠豆白米粥（綠豆5克，白米20克），棗合頁（紅棗10克，麵粉50克），水煮蛋1個（雞蛋50克）。

**午餐：**白米飯（白米100克），豆腐乾炒芹菜（豆腐乾50克，芹菜150克），番茄雞蛋湯（番茄50克，雞蛋25克）。

**晚餐：**蕎麥粥（蕎麥粉25克），饅頭（麵粉75克），肉片炒菠菜（瘦肉50克，菠菜150克），素炒油菜（油菜150克）。

**加餐：**草莓100克，牛奶250克，餅乾25克，全日烹調用油15克。

## 健康小叮嚀

### ◎肺氣腫的呼吸療法

肺氣腫由於肺功能遭到損害，單純靠藥物治療不能解決問題。進行腹式呼吸鍛鍊，增強膈肌活動量，提高肺通氣量，可以改善症狀。

**具體做法：**患者採取坐姿，一手放在胸前，一手放在腹部，吸氣時用鼻吸入，盡量將腹部挺出；呼氣時用口呼出，做吹口哨樣，將腹部內收，如此反覆進行。另外，還可以透過打太極拳、練氣功等來改善肺功能。

# 第四章

# 怎樣大修循環和內分泌系統

上班族脂肪肝、高血脂症等病的患病率之所以比其他人群高，可能是由於上班族常有過量的攝食、吃宵夜等不規律的飲食方式，擾亂了機體的正常代謝，為脂肪肝和肥胖的發病提供了條件。若能每年體檢一次，這些疾病就能及早發現，及時治療。

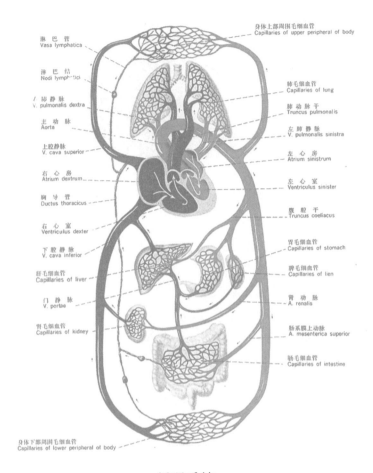

淋巴管
Vasa lymphatica

淋巴結
Nodi lymphatici

肺靜脈
V. pulmonalis dextra

主動脈
Aorta

上腔靜脈
V. cava superior

右心房
Atrium dextrum

胸導管
Ductus thoracicus

右心室
Ventriculus dexter

下腔靜脈
V. cava inferior

肝毛細血管
Capillaries of liver

門靜脈
V. portae

腎毛細血管
Capillaries of kidney

身體上部周圍毛細血管
Capillaries of upper peripheral of body

肺毛細血管
Capillaries of lung

肺動脈幹
Truncus pulmonalis

左肺靜脈
V. pulmonalis sinistra

左心房
Atrium sinistrum

左心室
Ventriculus sinister

腹腔幹
Truncus coeliacus

胃毛細血管
Capillaries of stomach

脾毛細血管
Capillaries of lien

腎動脈
A. renalis

腸系膜上動脈
A. mesenterica superior

腸毛細血管
Capillaries of intestine

身體下部周圍毛細血管
Capillaries of lower peripheral of body

## 循環系統

　　循環系統是由一系列複雜的管道連合而成，循環是指各種體液（如血液、淋巴液）不停地流動和相互交換的過程。循環系統是進行血液循環的動力和管道系統，由心血管系統和淋巴系統組成。循環系統的功能是不斷地將氧氣、營養物質和激素等運送到全身各組織器官，並將各器官、組織所產生的二氧化碳和其他代謝產物帶到排泄器官

排出體外，以保證機體物質代謝和生理功能的正常進行。如血液循環一旦停止，則機體所有器官和組織將失去氧及營養供應，新陳代謝則不能正常進行，造成體內一些重要器官的損害而危及生命。

心血管系統包括心臟、動脈、毛細血管和靜脈。心臟是血液循環的動力器官。動脈將心臟輸出的血液運送到全身各器官，是離心的管道。靜脈則把全身各器官的血液帶回心臟，是回心的管道。毛細血管是位於小動脈與小靜脈間的微細管道，管壁薄，有通透性，是進行物質交換和氣體交換的場所。

淋巴系統是循環系統的一個組成部分，由淋巴管、淋巴結及淋巴組織構成。淋巴系統幫助收集和輸送組織液回心臟，是靜脈系統其中的一個系統的輔助部分，同時，還具有防禦的重要機能。

內分泌系統是機體的重要調節系統，它與神經系統相輔相成，共同調節機體的生長發育和各種代謝，維持體內環境的穩定，並影響行為和控制生殖等。內分泌系統由內分泌腺和分佈於其他器官的內分泌細胞組成。內分泌細胞的分泌物稱激素。大多數內分泌細胞分泌的激素透過血液循環作用於遠處的特定細胞，少部分內分泌細胞的分泌物可直接作用於鄰近的細胞，稱其為旁分泌。內分泌腺的結構特點是：腺細胞排列成索狀、團狀或圍成泡狀，不具排送分泌物的導管，毛細血管豐富。

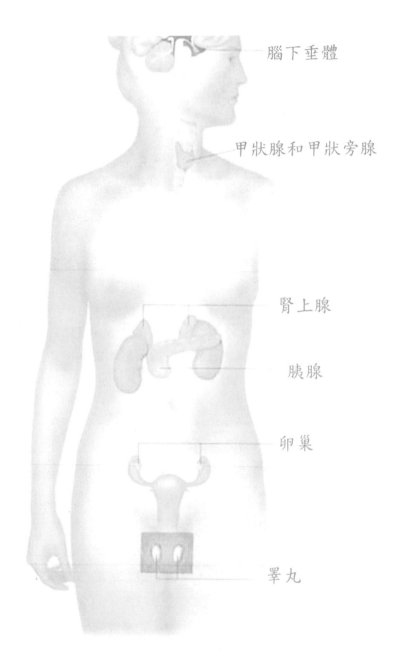

腦下垂體

甲狀腺和甲狀旁腺

腎上腺

胰腺

卵巢

睪丸

人體主要的內分泌腺有：甲狀腺、甲狀旁腺、腎上腺、垂體、松果體、胰島、胸腺和性腺等。

常見的循環與內分泌系統疾病有高血壓、糖尿病、肥胖症、冠心病、貧血、白血病等。

根據調查，中國都市居民中31歲至60歲的人群，脂肪肝患病率高達12.9％，肥胖症患病率高達31.6％，高血脂症患病率爲12.8％，冠心病患病率爲3.1％。根據中國體檢專家分析，上班族脂肪肝、高血脂症等病的患病率之所以比其他人群高，可能是由於上班族常有過量的攝食、吃宵夜等不規律的飲食方式，擾亂了機體的正常代謝，爲脂肪肝和肥胖的發病提供了條件。若能每年體檢一次，這些疾病就能及早發現，及時治療。

# 一、糖尿病

糖尿病是一種糖、脂肪、蛋白質代謝紊亂的慢性病，主要表現爲人體血液中糖分含量居高不下進而引起多飲、多食、多尿、乏力等症狀，糖尿病如果得不到及時有效的控制，就會影響到全身多個器官，引發嚴重的併發症，如腦血管疾病、心臟病、腎功能衰竭、眼部疾患（嚴重的可以致盲）和下肢疾患等，嚴重影響生活品質甚至危及生命。因此糖尿病被稱爲疾病的「百貨公司」。

中國多數糖尿病人不瞭解自己的病情，甚至不知道自己已經得病了。統計資料顯示，目前中國中老年人糖尿病診斷率還不到四分之一，大多數人得了糖尿病卻渾然不知；而在就診病人中，治療達標的病人僅占三分之一，多數病人只在出現併發症時才匆忙就醫；由於認識上的不足，中國胰島素的使用率也低於世界平均水準。

近年來，中國糖尿病的發病率迅速增長並呈年輕化的趨勢，平均每天運動量只有20～25分鐘的人糖尿病發病比例較高。據統計，1980年的發病率僅爲0.81%，至1994年

已達2.8%，1996年全國糖尿病流行病學調查的患病率為3.21%。今天北京等經濟發達地區患病率已接近10%，其中三十多歲的年輕人佔有很大比例。所以，對糖尿病的防治是刻不容緩的問題。

## 糖尿病有什麼樣的症狀？

### 糖尿病的主要症狀為：

(1)**多尿**：糖尿病患者尿量增多，每晝夜尿量達3000～4000毫升，最高達10000毫升以上。排尿次數也增多，有的患者日尿次數可達20餘次。因血糖過高，體內不能被充分利用。特別是腎小球濾出而不能完全被腎小管重吸收，以致形成滲透性利尿。血糖越高，尿量越多，排糖亦越多，如此惡性循環。

(2)**多飲**：由於多尿，水分流失過多，發生細胞內脫水，刺激口渴中樞，以飲水來作補充。因此排尿越多，飲水自然增多，形成正比關係。

(3)**多食**：由於尿中糖分流失過多，如每日流失500克以上，機體處於半饑餓狀態，能量缺乏引起食欲亢進，食量增加，血糖升高，尿糖增多，如此反覆。

(4)**消瘦**：由於機體不能充分利用葡萄糖，使脂肪和蛋白質分解加速，消耗過多，體重下降，出現形體消瘦。

(5)**乏力**：由於代謝紊亂，不能正常釋放能量，組織細

胞失水，電解質異常，故病人常感乏力、精神不振。

糖尿病的典型症狀為「三多一少」，但是，並非所有患者都是如此。有的患者以多飲、多尿為主，有的以消瘦、乏力為主，有的以急性或慢性併發症為首發症狀，進一步檢查才發現，如腦血管意外、冠心病、女患者外陰道搔癢等。甚至有的患者直到發生酮症、酸中毒、高滲性昏迷時才被確診。

## 糖尿病病人應該做哪些檢查？

經常有患者問：「化驗尿糖能不能確診糖尿病？」、「糖尿病不就是血糖高嗎？」、「我的視力挺好，為什麼還要檢查眼底？」諸如此類的問題有許多。如果不把這些問題解釋清楚，病友有可能對檢查不配合，甚至誤解。

那麼，糖尿病究竟應該做哪些檢查呢？

### 與診斷有關的檢查

⑴**血糖**：包括空腹和餐後2小時血糖，是診斷糖尿病的依據。

⑵**尿糖**：僅可作為糖尿病的診斷線索，不能根據尿糖陽性或陰性確診或排除糖尿病。

⑶**口服葡萄糖耐量試驗**：當病友空腹或餐後血糖比正常人偏高，但還達不到糖尿病診斷標準時，就需要進一步

做OGTT試驗，最終確定有無糖尿病。

⑷**胰島功能測定：**這個試驗包括胰島素釋放試驗和C肽釋放試驗，透過測定空腹及餐後各個時點胰島素及C肽的分泌水準，可以瞭解病友胰島功能的衰竭程度，有助於明確糖尿病的分型。

⑸**自身抗體檢查：**包括谷氨酸脫羧酶抗體、胰島素自身抗體、胰島細胞抗體等。Ⅰ型糖尿病病友往往抗體呈陽性，Ⅱ型則反之。因此，這些檢查主要用於明確糖尿病的分型。

## 反映血糖平均控制水準的檢查

無論是空腹還是餐後血糖，反映的均是某一時刻的血糖值，其結果受很多偶然因素的影響，血糖波動大的病友尤其如此。要瞭解一段時期內血糖控制的真實水準，就要檢查：

⑴**糖化血紅蛋白：**可以反映近2～3個月內整體血糖水準，正常值為4%～6%。

⑵**糖化血清蛋白：**可以反映近2～3個月內整體血糖水準，正常值為1.5～2.4mmol/L。

### 糖尿病的現代治療方法

1995年國際糖尿病聯盟（IDF）提出糖尿病現代綜合

治療的五項原則：

(1)**飲食控制：**是治療糖尿病的基礎。飲食控制的目的是既減少碳水化合物的攝入，以減輕胰島β細胞的負擔，減輕體重，又達到均衡膳食，保證生命活動的需要。

(2)**運動療法：**是肥胖的Ⅱ型糖尿病（胰島素抵抗伴有胰島素分泌不足型）的主要基礎治療方法，可改善胰島素敏感性，減輕胰島素抵抗。

(3)**血糖監測：**血糖監測是治療的中心環節之一，只有及時監測糖尿病的病情變化，才能及早調整治療措施，達到良好的控制。

(4)**藥物治療：**是糖尿病治療的關鍵，也是控制病情的主要方法，包括口服降糖藥及胰島素，其中合理選擇降糖藥（口服降糖藥及胰島素）是治療的重點，治療達標是其目的。

(5)**糖尿病教育：**糖尿病是一種終身性疾病，糖尿病教育可使患者成為瞭解自己病情最準確的搭繳鸝，有利於配合醫生的治療。

有的學者按照上述五方面措施及要求，將其歸納為五句格言：

飲食治療終身如日，此為基礎；
運動療法活動適量，貴在堅持；
藥物療法講究效果，治必達標；

教育科學引人入門，知術通理；

血糖監測合理調控，持之以恆。

# 運動預防糖尿病

如果你並不是一個熱衷於運動的人，可以從每週5天10分鐘的運動量開始，逐步增加直到30分鐘。到處走走，哪怕只是每天幾分鐘，也是運動預防糖尿病的良好開始。你可以做哪些運動？

**1.熱身運動：**是正式運動前的準備活動，如聳聳肩、拍拍腳趾、甩甩手臂、原地踏步等。

**2.跳舞：**跳舞可以增強體力、活力和運動。你可以和朋友一起參加舞蹈培訓班，也可以無需老師，自己跟隨收音機的音樂在家中翩翩起舞。

**3.行走：**這是開始運動的最好方法。當然你要有適合步行的鞋子，並在合適的地方如商場或社區中心享受你的步行運動。

**4.伸展運動：**你無需在特殊的時間和地點進行伸展運動，在家裡或公司裡，只需起身伸展一下你的腿部和手臂，不引起肌肉拉傷即可。

## 糖尿病食療小密方

**1.喝小黃米「油」：**每天早上用優質小黃米約50克煮

稀飯，煮好後沉澱片刻，撈出上面一層「油」湯，在早餐前約半小時喝下，剩下的稀飯待吃飯時吃掉，對糖尿病有很好的輔助治療作用。每天早上喝一次，連喝三個月必有明顯功效。

**2.末茶：**實驗證明，末茶中含有能降低血糖的成分，因此可以治療糖尿病，如果每天飲用4～5杯（約200克）的末茶，身心會感到非常清爽，體力充沛，也不必擔心會出現尿糖。

**3.馬鈴薯：**將馬鈴薯煮爛，用紗布或篩檢程序過濾，留下大部分澱粉，再加自家使用的調味料，製成湯糊飲用。

**4.豬胰湯：**將豬的胰臟加60克玉米鬚用水煮，其中玉米鬚必須小心使之乾燥後加以保存，每天大約使用20～40克即可。在一般中藥鋪都有販售玉米鬚。含植物脂肪食品可防糖尿病。

# 二、貧血

在一定容積的循環血液內紅血球數量、血紅蛋白量以及紅血球壓積均低於正常標準者稱為貧血。其中以血紅蛋白最為重要，成年男性低於 120g/L（12.0g/dl）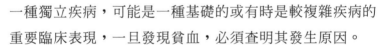，成年女性低於110g/L (11.0/dl)，一般可認為貧血。貧血是臨床最常見的表現之一，然而它不是一種獨立疾病，可能是一種基礎的或有時是較複雜疾病的重要臨床表現，一旦發現貧血，必須查明其發生原因。

貧血是一種常見的綜合症。有多種因素可以導致貧血，但歸納起來，貧血的原因可分為三個方面，一是造血的原料不足，二是人體的造血機能降低（即骨髓的造血機能降低），三是紅血球受過過多的破壞或損失。貧血可分為多種類型，如缺鐵性貧血、巨幼細胞性貧血、再生障礙性貧血、溶血性貧血等。

## 貧血有什麼樣的症狀？

貧血症狀的有無或輕重，取決於貧血的程度、貧血發生的速度、循環血量有無改變、病人的年齡以及心血管系

統的代償能力等。貧血發生緩慢，機體能逐漸適應，即使貧血較嚴重，尚可維持生理功能；反之，如短期內發生貧血，即使貧血程度不嚴重，也會出現明顯症狀。年老體弱或心、肺功能減退者，症狀較明顯。

## 貧血的一般症狀，體徵如下：

**1.軟弱無力**：疲乏、困倦，是因肌肉缺氧所致。為最常見和最早出現的症狀。

**2.皮膚、粘膜蒼白**：受皮膚、粘膜、結膜以及皮膚毛細血管的分佈和舒縮狀態等因素的影響。一般認為瞼結合膜、手掌大小魚際及甲床的顏色比較可靠。

**3.心血管系統**：心悸為最突出的症狀之一，有心跳過速，在心尖或肺動脈瓣區可聽到柔和的收縮期雜音，稱為貧血性雜音，嚴重貧血可聽到舒張期雜音。嚴重貧血或原有冠心病，會引起心絞痛、心臟擴大、心力衰竭。

**4.呼吸系統**：氣急或呼吸困難，大都是由於呼吸中樞低氧或高碳酸血症所致。

**5.中樞神經系統**：頭暈、頭痛、耳鳴、眼花、注意力不集中、嗜睡等均為常見症狀。暈厥甚至神志模糊可出現於貧血嚴重或發生急驟者，特別是老年患者。

**6.消化系統**：食欲減退、腹部脹氣、噁心、便秘等為最常見的症狀。

**7.生殖系統：**婦女患者中常有月經失調，如閉經或月經過多。在男女兩性中性欲減退均屬常見。

**8.泌尿系統：**貧血嚴重者會有輕度蛋白尿及尿濃縮功能減低。

## 貧血應該做什麼樣的檢查？

除紅血球、血紅蛋白、紅血球比積外，最基本的血液學檢查應包括：

㈠網積紅血球計數，校正網織紅血球計數＝患者的紅血球壓積／0.45／L×網織紅血球（％）。

㈡MCV及MCHC的測定。

㈢外周血塗片，觀察紅血球有無異形紅血球，如球形紅血球、靶形紅血球、裂殖血球，有無紅血球大小不均，低色素和多染性紅血球，嗜鹼性點彩、卡伯特氏球、豪一周氏小體等。白血球和血小板數量和形態學方面的改變，有無異常細胞。

㈣骨髓穿刺做骨髓塗片檢查，對診斷不可缺乏，必要時應做骨髓活檢。骨髓檢查必須包括染色，以確診或排除缺鐵性貧血和鐵粒幼細胞性貧血。

尿常規、大便隱血及寄生蟲卵、血液尿素氮、血肌酐以及肺部X光檢查等均不容忽視。

## 貧血應如何治療？

### 1.病因治療：

治療貧血的原則著重採取適當措施以消除病因。很多時候，原發病比貧血本身的危害嚴重許多（例如胃腸道癌腫），其治療也比貧血更為重要。在病因診斷未明確時，不應亂投藥使情況更複雜，增加診斷上的困難。

### 2.藥物治療：

切忌濫用補血藥，必須嚴格掌握各種藥物的適應症。例如維生素$B_{12}$及葉酸適用於治療巨幼細胞性貧血；鐵劑僅適用於缺鐵性貧血，不能用於非缺鐵性貧血，否則會引起鐵負荷過重，影響重要器官（如心、肝、胰等）的功能；維生素$B_6$用於鐵粒幼細胞性貧血；皮質類固醇適用於治療自身免疫溶血性貧血；睪丸酮適用於再生障礙性貧血等。

### 3.輸血：

輸血主要的優點是能迅速減輕或改善貧血。因此必須正確掌握輸血的適應症，如需大量輸血，為了減輕心血管系統的負荷過重和減少輸血反應，可輸注濃縮紅血球。

### 4.脾切除：

脾臟是破壞血細胞的重要器官，與抗體的產生也有關。

### 5.骨髓移植：

骨髓移植是近年來一種新的醫療技術，目前仍在研究試用階段，主要用於急性再生障礙性貧血之早期未經輸血或極少輸過血的病人，如果移植成功，可能獲得治癒。

## 貧血女人的食療菜單

只要是女性就比較容易罹患缺鐵性貧血，這是因為女性每個月生理期會固定流失血液。所以平均大約有20%的女性、50%的孕婦都會有貧血的情形。

如果貧血不十分嚴重，就不必去吃各種補品，只要調整飲食就可以改變貧血的症狀。

首先要注意飲食，要均衡攝取肝臟、蛋黃、穀類等富含鐵質的食物。如果飲食中攝取的鐵質不足或是缺鐵嚴重，就要馬上補充鐵劑。維生素C可以幫助鐵質的吸收，也能幫助製造血紅素，所以維生素C的攝取量也要充足。其次多吃各種新鮮的蔬菜。許多蔬菜含鐵質很豐富，如黑木耳、紫菜、髮菜、薺菜、黑芝麻、蓮藕粉等。

## 推薦幾樣家常的補血食物

黑豆：中國古時向來認為吃豆有益健康，多數書上會介紹黑豆可以讓人頭髮變黑，其實黑豆也可以生血。黑豆的吃法隨各人喜好，如果是在產後，建議用黑豆煮烏骨雞。

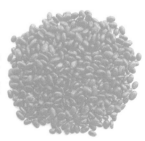

**髮菜：**髮菜的顏色很黑，不好看，但髮菜內所含的鐵質較高，用髮菜煮湯做菜，可以補血。

**胡蘿蔔：**胡蘿蔔含有很高的維生素B、C，同時又含有一種特別的營養素——胡蘿蔔素，胡蘿蔔素對補血極有益，用胡蘿蔔煮湯，是很好的補血湯飲。不過許多人不愛吃胡蘿蔔，我個人的做法是把胡蘿蔔榨汁，加入蜂蜜當飲料喝。

**麵筋：**這是一種民間食品。一般的素食館、滷味攤都有供應，麵筋的鐵質含量相當豐富。而補血必須先補鐵。

**菠菜：**這是最常見的蔬菜。也是有名的補血食物，菠菜內含有豐富的鐵質胡蘿蔔素，所以菠菜可以算是補血蔬菜中的重要食物。如果不愛吃胡蘿蔔，那就多吃點蔬菜吧！

**金針花：**金針花含鐵數量最高，比大家熟悉的菠菜高 20 倍，鐵質含量豐富，同時金針花還含有豐富的維生素 A、$B_1$、C、蛋白質、脂肪及秋水仙醉鹼等營養素。

**龍眼肉：**龍眼肉就是桂圓肉，超市幾乎都有販售。龍眼肉除了含豐富的鐵質外還含有維生素 A、B 和葡萄糖、蔗糖等。補血的同時還能治療健忘、心悸、神經衰弱和失眠症。龍眼湯、龍眼膠、龍眼酒

之類也是很好的補血食物。

**蘿蔔乾：**蘿蔔乾本來就是有益的蔬菜，它所含的維生素B極為豐富，鐵質含量很高。所以它是最不起眼、最便宜但卻是最好的養生食物，它的鐵質含量除了金針花之外超過一切食物。

**需要注意的是：**貧血者最好不要喝茶，多喝茶只會使貧血症狀加重。因為食物中的鐵，是以三價膠狀氫氧化鐵形式進入消化道的。經胃液的作用，高價鐵轉變為低價鐵，才能被吸收。可是茶中含有鞣酸，飲後易形成不溶性鞣酸鐵，進而阻礙了鐵的吸收。其次，牛奶及一些中和胃酸的藥物會阻礙鐵質的吸收，所以盡量不要和含鐵的食物一起食用。

## 適宜貧血患者的幾種藥粥

貧血患者體弱乏力，食欲不佳，適宜食用一些藥粥，作為調養的輔助。茲介紹幾種藥粥如下。

▲**紅棗粥**　將白米洗淨後放入鍋內，加入洗淨的紅棗若干，加水適量，煮熟至稠，即可食用。

▲**紅棗糯米粥**　山藥8克，薏苡仁10克，荸薺粉2克，大棗5克，糯米50克，白糖50克。

**製作：**將各種藥材去除雜質備用；薏苡仁洗淨放入鍋內，注入清水適量，置於火上煮至開裂時，再將糯米、紅

棗洗淨後同時放入鍋中，煮至米爛；山藥磨成粉，待米爛時，邊攪拌邊灑入鍋內，約隔20分鐘後，再將荸薺粉放入鍋中，拌勻後即可停止加熱；將粥裝入碗內，每碗加入白糖25克。

▲**紅棗羊骨粥**　羊頸骨1～2根（敲破），紅棗20個（去核），糯米50～100克。共煮成稀粥，加入食鹽調味，分次食用。尤其適合再生障礙性貧血、血小板減少性紫癜患者食用。

▲**阿膠粥**　糯米洗淨入鍋煮熟，加入阿膠適量，待溶化後，加紅糖若干，即可食用。

▲**菠菜粥**　取連根新鮮菠菜100～150克，洗淨後用手撕開；與粳米100克，同放入砂鍋，加水800毫升，煮至米爛湯稠，即可食用。適合缺鐵性貧血。

▲**豬血鯽魚粥**　生豬血一碗，白胡椒少許，鯽魚100克，白米100克，煮成粥，食用。

▲**首烏粥**　制首烏15克，白米100克，用砂鍋或銅鍋先煮首烏至爛，去渣取汁煮粥食。

▲**龍眼蓮子粥**　龍眼肉5克，蓮子肉10克，白米100克，同煮粥食。

# 三、高血壓

高血壓是以體循環動
脈壓增高爲主要表現的臨
床綜合症,是最常見的心
血管疾病。可分爲原發性
及繼發性兩大類。在絕大
多數患者中,高血壓的病

因不明,稱之爲原發性高血壓,占總高血壓患者的 95 ％以
上;在不足 5 ％的患者中,血壓升高是某些疾病的一種臨
床表現本身有明確而獨立的病因,稱爲繼發性高血壓。

近年來年輕人的高血壓發病率呈明顯上升趨勢。上海
市最近的調查發現,該地區高血壓罹患率爲 33.21 ％,其
中城區高血壓罹患率爲 34.19 ％,鄉村高血壓的罹患率爲
31.16 ％,均爲男性高於女性。

高血壓人群患病狀況是「一高二低」:「一高」是患
病率高;「二低」是知曉率低與血壓有效控制率低。高血
壓患者中僅有1/3強的人知道自己患病,不足1/4的人血壓
控制在正常值範圍內。

據中國某醫院門診調查顯示,35歲以下的年輕人大約
占了高血壓病人的20％,10年前這個比例還不到10％。據
瞭解,由於他們工作壓力大,競爭激烈,長期處於緊張的
狀態下,導致腎上腺素分泌過多,引起血管收縮,最終導

致高血壓；而他們沒有規律的生活方式也容易導致高血壓。

高血壓是世界最常見的心血管疾病，也是最大的流行病之一，常引起心、腦、腎等臟器的併發症，嚴重危害著人類的健康，因此提高對高血壓的認識，對早期預防、及時治療有極其重要的意義。

## 高血壓對人有什麼危害？

近20年來高血壓的發病率在中國幾乎增加了一倍，由高血壓引發的心血管疾病的死亡率已位居所有疾病死亡率的第一位。高血壓病嚴重地危害人們的健康和生命，它不僅是一個獨立的疾病，同時又是心血管疾病的重要危險因素，導致心、腦、腎、血管、眼底的結構和功能的改變和損害，引起相關疾病的發生。

高血壓患者的全身小動脈處於痙攣狀態，反覆、長期的小動脈痙攣狀態和血壓升高使小動脈內膜因為壓力負荷、缺血、缺氧出現玻璃樣病變，隨著病程的發展，病變涉及小動脈中層，最後導致管壁增厚、硬化、管腔變窄，呈現不可逆的病變。高血壓促進小動脈病變，而小動脈病變後管腔狹窄又促進了高血壓。

## 高血壓有什麼樣的症狀？

按照起病緩急和病程進展，可分為緩進型和急進型，

以緩進型多見。

## 1.緩進型高血壓

(一)**早期表現：**早期多無症狀，偶爾體檢時發現血壓增高，或在精神緊張、情緒激動或勞累後感到頭暈、頭痛、眼花、耳鳴、失眠、乏力、注意力不集中等症狀，可能是高級精神功能失調所致。早期血壓僅暫時升高，隨病程進展血壓持續升高，臟器受累。

(二)**腦部表現：**頭痛、頭暈常見。多由於情緒激動、過度疲勞、氣候變化或停用降壓藥而誘發。血壓急驟升高。劇烈頭痛、視力障礙、噁心、嘔吐、抽搐、昏迷、一過性偏癱、失語等

(三)**心臟表現：**早期，心功能代償，症狀不明顯，後期，心功能失代償，發生心力衰竭。

(四)**腎臟表現：**長期高血壓導致腎小動脈硬化。腎功能減退時，會引起夜尿、多尿、尿中含蛋白、管型及紅血球。尿濃縮功能低下，酚紅排泄及尿素廓清障礙。出現氮質血症及尿毒症。

(五)**動脈改變。**

(六)**眼底改變。**

## 2.急進型高血壓

也稱惡性高血壓，占高血壓的1%，可由緩進型突然轉

變而來，也可起病。惡性高血壓會發生在任何年齡，但以30～40歲爲最常見。血壓明顯升高，舒張壓多在17.3Kpa（130mmHg）以上，有乏力、口渴、多尿等症狀。視力迅速減退，眼底有視網膜出血及滲出，常有雙側視神經乳頭水腫。迅速出現蛋白尿、血尿及腎功能不全。也可能發生心力衰竭、高血壓腦病和高血壓危象，病程進展迅速多死於尿毒症。

## 高血壓應如何檢查？

一、確定有無高血壓：測量血壓升高應連續數日多次測血壓，有兩次以上血壓升高，方可稱高血壓。

二、鑑別高血壓的原因：凡遇到高血壓患者，應詳細詢問病史，全面系統檢查，以排除症狀性高血壓。

## 治療高血壓的有效方法

治療高血壓，必須採取綜合療法，即不能單純依賴某一種療法，包括不能單靠降壓藥。因此，治療高血壓應採取綜合療法，主要包括：

**藥物療法：**降壓藥，調節血脂、血液粘稠度以及保護血管的藥物。

**運動療法：**根據病情及病人的年齡、體質情況，持續適宜的運動。事實證明，適宜的運動不僅可以降低血壓，還能降低血脂，保護血管。

**飲食療法**：均衡飲食，減少鹽及脂肪的攝入，多吃富含維生素 C 的蔬菜及大豆製品。

**精神療法**：保持穩定而愉快的情緒，防止暴怒和生悶氣、閒氣；有助於穩定血壓。

**生活規律**：戒煙少飲酒，勞逸結合，保證充足和良好的睡眠，均有助於降低血壓。

## 高血壓的茶療與菜療

高血壓患者除了應堅持藥物治療外，經常用中藥泡茶飲用也能起到很好的輔助治療作用。

**菊花茶**：菊花應為甘菊，其味不苦，尤以蘇杭一帶所產的大白菊或小白菊最佳，每次用 3 克左右泡茶飲用，每日 3 次；也可用菊花加金銀花、甘草同煎代茶飲用，具有平肝明目、清熱解毒之特效。對高血壓、動脈硬化患者有顯著療效。

**山楂茶**：山楂所含的成分可以助消化、擴張血管、降低血糖、降低血壓。經常飲用山楂茶，對於治療高血壓具有明顯的輔助療效。其飲用方法為，每天數次用鮮嫩山楂果1～2個泡茶飲用。

**荷葉茶**：中醫臨床證實，荷葉的浸劑和煎劑具有擴張

血管、清熱解暑及降血壓之效。同時，荷葉還是減脂去肥之良藥。治療高血壓的飲用方法是：用新鮮荷葉半張洗淨切碎，加適量的水，煮沸放涼後代茶飲用。

**槐花茶：**將槐樹生長的花蕾摘下晾乾後，用開水浸泡後當茶飲用，每天飲用數次，對高血壓患者具有獨特的治療效果。同時，槐花還有收縮血管、止血等功效。

**首烏茶：**首烏具有降血脂，減少血栓形成之功效。血脂增高者，常飲首烏茶療效十分明顯。其製作方法為取制首烏20—30克，加水煎煮30分鐘後，待溫涼後當茶飲用，每天一劑。

**葛根茶：**葛根具有改善腦部血液循環之效，對因高血壓引起的頭痛、暈眩、耳鳴及腰痠腿痛等症狀有較好的緩解功效。經常飲用葛根茶對治療高血壓具有明顯的療效，其製作方法為將葛根洗淨切成薄片，每天 30 克，加水煮沸後當茶飲用。

**蓮子心茶：**所謂蓮子心是指蓮子中間青綠色的胚芽，其味極苦，但卻具有極好的降壓去脂之效。用蓮心12

克，開水沖泡後代茶飲用，每天早晚各飲一次，除了能降低血壓外，還有清熱、安神、強心之特效。

**決明子茶：**中藥決明子具有降血壓、降血脂、清肝明目等功效。經常飲用決明子茶有治療高血壓之特效。每天數次用 15～20 克決明子泡水代茶飲用，不啻為治療高血壓、頭暈目眩、視物不清之妙品。

**桑寄生茶：**中草藥桑寄生為補腎、補血要劑。中醫臨床證實，用桑寄生煎湯代茶，對治療高血壓具有明顯的輔助療效。桑寄生茶的製作方法是，取桑寄生乾品15克，煎煮15分鐘後飲用，每天早晚各一次。

**玉米鬚茶：**玉米鬚不僅具有很好的降血壓之功效，而且也具有止瀉、止血、利尿和養胃之療效。泡茶飲用每天數次，每次25～30克。在臨床上應用玉米鬚治療因腎炎引起的浮腫和高血壓的療效尤其明顯。

除了喝茶，生活中還有不少蔬菜了具有降低血壓的效果。

**薺菜：**初春採其幼苗作菜食用，清香可口。凡高血壓、眼底出血的病人，用薺菜花15克、旱墨蓮12克，水煎服，1日3次，連服15日為一療程。請醫生復測血壓，如未降可繼續服一個療程；若血壓已有明顯下降，可酌情減服，每日2次，每次量略減少。

**蓴菜：**以江蘇太湖、杭州西湖所產爲佳。在動物實驗中，其粘液質部分有抗癌和降血壓的作用。罹患高血壓者，每日取新鮮蓴菜50克，加冰糖燉服，10日爲一療程，可連續服用。

**刺菜：**又名刺兒菜、小薊草，中國各地均有，係野生菜。高血壓病人，每日取刺菜10克，水煎代茶飲用，10日爲一療程，可持續使用，但期間需及時復測血壓，以保安全。

**菠菜：**高血壓患者有便秘、頭痛、目眩、面赤，可用新鮮菠菜置於沸水中燙約3分鐘，以麻油伴食，1日2次，日食250～300克，每10日爲一療程。可以連續食用。

**馬蘭頭：**具清涼、去火、止血、消炎的功效。高血壓、眼底出血、眼球脹痛者，用馬蘭頭30克、生地15克，水煎服，每日2次，10日爲一療程，如無不適等不良反應，可持續服用一個時期，以觀後效。

另外，還有紫菜、木耳、芥菜、海帶等，在護理高血壓病人時，都可選用。

## 健康小叮嚀

### 日常生活中控制高血壓的小妙方

1.早餐時吃些甜瓜和優酪乳。

2.多喝柳橙汁。

3.清晨避免過度疲勞。

4.少喝咖啡。

5.經常吃些大蒜。

6.少爭吵。

7.避免勞累過度。

8.多吃鮭魚。

9.不要把麵包作為晚餐的主食。

10.食冰淇淋補充鈣。

11.午飯後到戶外散步。

12.在安靜的環境裡工作。

13.午後最好食用杏仁和芋頭做的點心。

# 四、冠心病

冠心病是冠狀動脈粥樣硬化性心臟病的簡稱。是指供給心臟營養物質的血管——冠狀動脈發生嚴重粥樣硬化或痙攣，使冠狀動脈狹窄或阻塞，以及血栓形成造成管腔閉塞，導致心肌缺血、缺氧或梗塞的一種心臟病，亦稱缺血性心臟病。冠心病是動脈粥樣硬化導致器官病變的最常見類型，也是危害中老年人健康的常見疾病。

調查顯示：中國年輕人的動脈粥樣硬化發病率越來越高，預示著中國冠心病發病率將越來越高。目前中國年輕人動脈粥樣硬化發病年齡最小的為16歲，高分佈人群在20歲到30歲之間，其中男性比女性高4.9倍。年輕人冠心病占總發病率的4.3%，且有北高南低的趨勢。

近10年來，中國冠心病的發病率男性增加了42.2%，女性增加了12.5%。究其原因主要是不良的飲食習慣和高血脂、肥胖人群增加，抽煙「隊伍」龐大。養成良好的生活習慣，隨時保持健康的心態，可以有效預防動脈粥樣硬化的發生，降低心肌梗塞的死亡率。

# 冠心病有什麼樣的症狀？

罹患冠心病後有些病人毫無自覺症狀，但多數病人可出現下述一種或數種不適。

(1)**不明原因的疲乏、無力，不想動或嗜睡。**

(2)**氣短。**感到空氣不夠用或呼吸困難，這種氣短在活動時加重，休息時減輕，平臥時加重，坐著時減輕的特點。

(3)**胸悶、胸痛。**中老年人出現不明原因的胸悶、胸痛，心窩部或心腹部不適，要注意不排除冠心病心絞痛。一般冠心病引起的胸悶、胸痛在心前區、胸骨後，可以向在肩、下頜、左手臂及背部放射；疼痛的性質可能是悶痛、壓痛及刀割樣疼痛，疼痛時往往不敢動，嚴重時伴有出汗；疼痛一般持續數秒鐘，舌下含化硝酸甘油往往可以緩解。如疼痛仍不緩解，且持續劇烈，應想到心肌梗塞或夾層動脈瘤的可能性。

(4)**暈厥。**冠心病心律紊亂，心率過快、過慢，傳導阻滯，心臟停搏等均可使心排血量減低。由於大腦對缺氧十分敏感，大腦供血不足，輕者感到頭昏，重者會出現暈眩甚至暈厥。

(5)**咳嗽、咯痰。**冠心病心功能不全時，由於肺部充血，可以出現咳嗽、咯痰。痰量一般不多，嚴重時會有粉紅色泡沫痰。

(6)**其他尚會出現下肢浮腫、耳鳴、夜尿增多等。**

上述症狀並不是冠心病所特有的，很多原因均會引起，應請醫生進行鑑別。

## 冠心病有何危害？

心血管疾病已成爲中國第一致死原因，而冠心病就是其中最主要的一種心臟病。冠心病自古有之，在上個世紀20年代所見不多，30年代逐漸增多，50年代在某些國家流行，近幾十年來幾乎達到猖獗的程度。冠心病除了會造成死亡外，還會造成胸悶、憋氣、心絞痛、心肌梗死等。冠心病正在或已經成爲人類健康的大敵。

## 冠心病需做哪些輔助檢查？

(1)**心電圖檢查：**是發現心肌缺血、有無心律失常，是診斷冠心病的常用方法。包括靜息時心電圖、心絞痛發作時心電圖、心電圖負荷試驗、心電圖連續監測（Holtter）等檢查。

(2)**放射性核素（ECT）檢查：**可瞭解梗塞範圍。

(3)**超音心動圖：**瞭解心室壁的動作、有無室壁瘤、心臟瓣膜活動情況和左心功能。

(4)**心肌酶學檢查：**SGOT、CKP等瞭解心肌損傷程度和恢復過程。

⑸**冠狀動脈造影**：目前被稱爲診斷冠心病的金標準。可明確病變範圍、程度，並爲選擇治療方法（手術、介入、藥物）提供依據並可評估風險，同時可進行左室造影確定左室收縮功能和有無室壁瘤。

## 冠心病的藥茶治療五方

冠心病患者的治療用藥以及日常護理應遵醫囑，並注意結合病情，有針對性地選用活血止痛、補心養心、安神鎮靜類的中藥。自己配製藥茶，經常服用，簡便易行，可緩解症狀，更無副作用，對心血管也能起到良好的保健作用。

▲**麥冬生地茶**：以麥冬、生地各30克，水煎代茶飲服，不僅有明顯的清熱、養陰、生津作用，而且具有益精陰、補氣和養心功效。另也有助於改善心肌營養，提高心肌耐缺氧能力。藥理實驗發現，口服麥冬煎劑能緩解心絞痛及胸悶等症狀，麥冬所含氨基酸及醣類化合物有顯著的增強心肌耐缺氧作用。

▲**三七花參茶**：取三七花、參三七各3克，沸水沖泡，溫浸片刻，頻飲代茶。經藥理分析發現，參三七有活血、祛瘀、止痛功效，對冠心病者能起到擴張冠狀動脈、增加冠狀動脈血流量、減少心肌耗氧量的作用。

▲**紅花檀香茶**：由紅花 5 克，檀香 5 克，綠茶 1 克，赤砂糖 25 克組成。紅花活血、祛瘀，檀香功專理氣、止痛，綠茶可消食、化痰，而赤砂糖配伍諸藥，則有活血的功效。該茶劑性味偏於甘溫，具有較好的活血、祛瘀、止痛作用，可緩解冠心病患者心胸窒悶、隱痛等症狀。

▲**地骨丹皮茶**：取牡丹皮 3 克，地骨皮 10 克，沸水沖泡，燜約 15 分鐘飲用。丹皮鎮痛、鎮靜，地骨皮有降血壓作用。服用此茶能清腦寧心，主治頭暈目眩，胸悶心悸，對防治高血脂、高血壓、冠心病等疾病亦有效。

▲**菖蒲酸梅茶**：以九節菖蒲3克，酸梅肉5個，紅棗肉5個，赤砂糖加水煎湯而成。石菖蒲舒心氣、暢心神，有擴張冠狀血管的作用。本茶劑對心氣虛弱、心血不足的驚恐、心悸、失眠、健忘、不思飲食等症狀效果尤佳，亦適宜冠心病及其疑似患者服用。

## 幾種能預防冠心病的食物

冠心病的形成與內分泌、精神、神經、血液凝聚、遺傳因素等有關，而飲食是至關重要的因素，長期攝入過多的動物脂肪和高膽固醇食物，是產生冠心病的危險因素。改變飲食結構，均衡調配飲食，可以控制甚至改善動脈粥樣硬化。

### ◉海魚

海魚，尤其是沙丁魚、大馬哈魚、金槍魚、鱸魚、鱒

魚等富含歐米茄-3脂肪酸，這種特殊的脂肪酸可以使高密度脂蛋白膽固醇升高，使甘油三酯降低。它還能改善心肌功能，減少心律失常和心房纖維性顫動。

### ◉ 蔬菜和水果

蔬菜和水果富含維生素 C 、β—胡蘿蔔素、葉酸及其他一些抗氧化物質，進而使心血管系統得到有效保護。蔬菜和水果中所含的果膠類物質可有效結合膽固醇及脂肪，並將其排出體外，這對於防止動脈粥樣硬化與冠心病具有重要意義。

### ◉ 大蒜

素有濟世良藥的大蒜，在防治心血管系統的疾病中有十分重要的作用。

### ◉ 大豆

研究證明，飲食中用大豆製品代替肉類與乳製品， 3 個星期之後，血液中總膽固醇下降21％，高密度脂蛋白膽固醇升高15％，同時甘油三酯也相對下降，使動脈血管與心臟得到有效保護。

### ◉ 堅果

每天適量進食一些堅果，如核桃、杏仁、榛子、花生、松子仁等可以防止心臟病。

# 跳探戈有利於預防心臟病

舞蹈探戈不僅舞曲優美、舞步令人眼花撩亂，而且科學家發現它還可以幫助人預防心臟病、改善人體運動機能。

任何有音樂伴隨的運動都能使大腦興奮，音樂節奏有助於改善肢體的協調性。舞蹈有利於人們掌握好身體的平衡。跳舞時腰部的扭動提高了人體的運動機能，跳舞也鍛鍊了腿部、膝部和踝關節，而且增加了全身的血液循環。

## 健康小叮嚀

**冠心病患者的生活禁忌**

一、忌生氣、發怒。

二、忌超負荷運動。

三、忌脫水。

四、忌缺氧。

五、忌嚴寒和炎熱。

六、忌煙、酒。

七、忌口腔不衛生。

八、忌過飽。

# 五、肥胖

肥胖症是指體內脂肪堆積過多和（或）分佈不均勻，體重增加，是遺傳因素和環境因素共同作用的結果。另一方面，肥胖症又是多種複雜情況的綜合，如它常與高血壓、糖尿病血脂異常、缺血性心臟病等結合起來出現，因而它也是一種代謝異常性的疾病。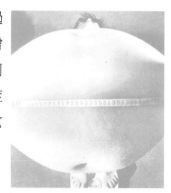

根據發病原因不同，肥胖分為繼發性肥胖和單純性肥胖兩大類。繼發性肥胖存在其他明確病因如下丘腦垂體感染、皮質醇增多症、甲狀腺功能減退、胰島素瘤等。單純性肥胖（原發性肥胖）沒有其他明確病因，是指在一定的遺傳易感背景下不良的飲食習慣（進食過多）以及靜止少動的生活方式引起熱能攝入、貯存明顯多於消耗的平衡失調所致的脂肪堆積聚集、體重增加。 一般所稱的肥胖是指單純性肥胖。單純性肥胖占所有肥胖者的 95 ％以上。

全球肥胖病人已超過3億。2002年中國居民營養與健康現狀調查結果顯示：中國成人超重率為22.8％，肥胖率為7.1％，人數分別為2.0億和6000多萬。大城市成人超重率與肥胖現患率分別高達30.0％和12.3％，兒童肥胖率已達8.1％。與1992年相比，成人超重率上升39％，肥胖率上升97

％。中國已成爲全球第一「肥國」。

## 肥胖症的主要症狀是什麼？

體重超過標準體重20％即爲肥胖症。肥胖症的主要表現爲：不同程度的脂肪堆積，脂肪分佈以頸及軀幹或臀部爲主，顯著肥胖者常伴熱、多汗、行動不靈活、易感疲勞；因橫膈抬高常覺得呼吸短促，不能承受較重的體力活動；嚴重肥胖時會有血壓增高、左心室肥大，最後導致心力衰竭；有些患者會伴有糖尿病或高血脂症，易發生動脈粥樣硬化及缺血性心臟或膽石症。

## 肥胖症有哪些危害？

有人說：「肥胖是各種疾病發生的溫床。」此話一點也不假。可以這麼說，當你身體剛開始發胖的時候，各種併發症就在你的體內醞釀、發展中，如果肥胖症患者不及早治療，控制體重的增長，各種併發症發生的可能性將大大高於正常人。

肥胖症容易併發的各種常見併發症主要有：●肥胖併發高血壓；●肥胖併發冠心病和各種心血管疾病；●肥胖併發糖尿病和高血脂症；●肥胖併發肺功能不全；●肥胖併發脂肪肝；●肥胖併發生殖——性功能不全等。

肥胖者在罹患急性感染、遭受嚴重創傷，以及施行外科手術和麻醉時，機體的應激能力明顯低於正常人。一旦

發生這些情況，肥胖者的病情發展和預後都比正常人差。

肥胖女性比正常體重女性更易罹患乳腺癌、子宮體癌，膽囊和膽道癌腫也較常見。肥胖男性結腸癌、直腸癌和前列腺癌發生率較非肥胖者高。

## 肥胖應做哪些檢查？

肥胖應當減肥，但肥胖也不完全需要減肥。關鍵是先弄清楚是屬於何種肥胖，故必要時，一些肥胖病人應做一些必要的檢查。

測量身高、體重是肥胖人減肥治療最基本的檢查。

查空腹或餐後胰島素能識別肥胖症（病）的特徵。

空腹血糖、餐後血糖、糖耐量試驗能瞭解肥胖與糖尿病的關係。

有關的血脂化驗能瞭解肥胖者是否合併高血脂症。

甘油三酯的檢查，配合B超能發現有關肥胖與脂肪肝的內在關聯。

腎功能的檢查會幫助醫生發現柯興氏綜合病以及垂體腫瘤。

生長激素的檢查可看出減肥有否效果。

性激素的檢查則是觀察雌雄激素作用部位與肥胖關係

的好方法，並有利於確定減肥項目。

　　此外，也別忽視了體溫、脈搏、呼吸、血壓、基礎代謝率的改變。

## 肥胖症的中醫治療方法

　　肥胖症者除了體形肥胖，腹部隆起，肌肉鬆軟，皮下脂肪臃垂，活動氣短，容易疲勞等共同表現外，還可因性別、年齡、職業等不同而有錯綜複雜的臨床表現，故中醫治療方法也較多。但治病必求其本，抓住本虛標實，本虛以氣虛為主，標實以膏脂、痰濁為主；又脾為生痰之源，治療以健脾化痰，利濕通腑為總則。具體歸納以下幾種治療法。

　　㈠**化濕法**　用於脾虛濕阻型，以神倦乏力，胃口欠佳，胸宇憋塞為主要表現者。代表方劑有二術四苓湯（蒼术、白术、豬苓、茯苓、澤瀉），澤瀉湯（澤瀉、白术），防己黃耆湯（防己、黃耆、白术、甘草、生薑、大棗）。

　　㈡**去痰法**　即去痰化濕法，主要用於常有頭重若裹，痰濁阻遏，胸陽不展，胸滿痞塞者。按照肥人多痰的理論，化痰濕是肥胖症的一個主要治療原則，常貫穿在治療過程的始終。代表方二陳湯（半夏、桔紅、茯苓、甘草）和溫膽湯（半夏、竹茹、枳實、橘皮、茯苓、生薑、甘草）。

㈢**利水法** 用於脾虛濕阻型，以面浮跗腫，或尿少浮腫，腹脹便溏爲主要表現者。代表方劑是五皮飲（大腹皮、桑白皮、茯苓皮、生薑皮、陳皮）和導水茯苓湯（赤苓、麥門冬、澤瀉、白術、桑白皮、紫蘇、檳榔、木瓜、大腹皮、陳皮、砂仁、木香、燈草）。

㈣**通腑法** 肥胖患者平素嗜好煙、酒，大便乾燥，或習慣性便秘，瘀濁積蓄，腑氣不暢而伴有腹脹、胸悶、憋氣者。可用調胃承氣湯（大黃、芒硝、甘草）和防風通聖丸（散）（處方詳後），或單味大黃長期服用，以通腑化濁，發和五臟。亦有報導，用牽牛子「通瘀消脹，久服令人體輕瘦」。

㈤**疏利法** 主要用於肝鬱氣滯型，肥胖患者症見口苦煩悶，婦女月經不調，經閉或經前乳房脹等。可用疏肝利膽法，代表方劑大柴胡湯（柴胡、黃芩、大黃、枳實、芍藥、半夏、生薑、大棗）和逍遙丸（散）（柴胡、當歸、芍藥、白術、茯苓、薄荷、生薑、甘草）。

㈥**健脾法** 常用於神倦乏力，少氣懶言，或大便溏薄，胃口不好而肥胖者。健脾法是重要法則，其代表方是異功散（黨參、白術、茯苓、甘草、陳皮）和五苓散（豬苓、茯苓、白術、桂枝、澤瀉）。

㈦**消導法** 患者兼有飲食自倍，食後脹滿，舌苔膩者；或食少而肥者，常佐以消食導滯，促進代謝。用保和丸（山楂、神曲、麥芽、半夏、茯苓、陳皮、連翹、萊菔

子）。

㈧**溫陽法** 久病，年齡偏大者，症見怕冷，腰痠，四肢沉重，嗜睡，濕盛，脾腎陽虛型者。宜溫陽利水，常用濟生腎氣丸即加味腎氣丸（附子、肉桂、熟地黃、山藥、山茱萸、牡丹皮、澤瀉、茯苓、川牛膝、車前子）及苓桂朮甘湯（茯苓、桂枝、白朮、甘草）。

㈨**養陰法** 由於陰液不足，陰虛生內熱，臨床表現為相對陽亢，多見頭昏，頭脹頭痛，腰痛痠軟，臉部升火，五心煩熱，口乾，舌尖紅，舌苔薄白，脈細數或微弦。可用知柏地黃丸（知母、黃柏、山藥、山茱萸、熟地黃、牡丹皮、茯苓、澤瀉）和大補陰丸（黃柏、知母、熟地黃、龜板、豬脊髓）治療。

臨床治療還要標本兼顧，主從結合，採用複方圖治，多主張兩種或三種治法參合運用，有助於提高療效。

## 教你洗澡時如何沖哪瘦哪

### 1.手臂纖纖浴

**臂臑穴＋肱中穴：**

這兩個穴道能幫助排除手臂內的陳舊廢物，將單手用力叉腰就會出現三角肌，在三角肌的前端稍微內側就是臂臑，而肱中是腋窩下與

手肘中間點的骨頭內側，按壓時會有輕微痛楚感。

**淋浴方式**：用水直沖兩個穴位各5分鐘。交替3次，直到皮膚發紅為止。

## 2.小肚消失浴

### 天樞＋大巨：

天樞穴是離肚臍左右兩側的三橫指寬處，對排除蓄積在下腹部的便秘很有幫助。

大巨穴是位於天樞穴的下方約3橫指處。沖浴的時候，沖肚臍連線的平行線就OK了。

**淋浴方式**：將水對準胸骨中央的下端，慢慢朝下挪動蓮蓬頭，經過肚臍一直沖到腹部。然後，再沖肚臍連線的平行線，兩側都是自上往下，來回反覆沖淋。共淋10分鐘左右即可。

## 3.屁股挺翹浴

### 承扶穴：

臀部最容易隨著年齡的增長而堆積脂肪。承扶穴位於臀部橫紋線的中央下方，手指用力壓下去會感覺碰到骨頭。經常刺激承扶穴可以防止臀部下垂，也有阻斷贅肉堆積的效果。

**淋浴方式**：蓮蓬頭斜上，直沖承扶穴5分鐘。然後順著臀橫紋由下向上沖臀部3分鐘。假如感到一點痠痛，說明刺

激很有效哦！

### 4.蠻腰淋瘦浴

**腎俞穴＋志室穴：**

能消除腰部疲勞疼痛並且能減去贅肉的穴位，位於腰部離脊椎骨左右各兩指寬處的腎俞穴和離腎俞穴兩指寬的志室穴。

**淋浴方法：**用蓮蓬頭與這兩個穴位距離30～45公分，直沖穴位10分鐘。反覆多次沖淋效果也不錯。

### 5.小腿美滑浴

**委中穴＋承筋穴＋承山穴：**

委中穴位於膝蓋內側中央；承山位於小腿的筋肉和跟腱的分界；承筋穴位於承山和委中連線的中央。刺激這3個穴位，有消除腿部疲勞和浮腫以及防止陳舊廢物蓄積的功效。

**淋浴方法：**垂直沖這3個穴道，各沖約3分鐘。如果不想找穴道，只要摸摸小腿肌肉，看哪幾個地方最硬，就直沖那些地方就好了。沖小腿肌肉時，痠痠麻麻就是有效！

### 6.大腿修長浴

**殷門穴：**

位於臀部下方和膝窩連線上，約靠近臀部的2/5處。

**淋浴方法**：用蓮蓬頭直沖穴道約3分鐘。然後膝部微彎，水準直沖大腿內側，等大腿變紅，就是已經在燃燒脂肪了。

## 5 款美食迅速吃掉節後油膩

　　想要瘦身，又管不住自己那張好吃的嘴？不要緊，養顏、排毒、瘦身都可以透過均衡的膳食來達成，現在就邀請國際營養研究院的專家為大家設計了5道適合秋季滋補且具有瘦身效果的健康菜肴吧！

### ▼蕎悠悠

　　**原料**：蕎麥、蓧麥各 100 克，紅、黃彩椒，紫蘇葉適量；油、辣椒油、鹽、香油、醋適量。

　　**製法**：先將蕎麥粉、蓧麥粉分別和成糰狀，製成硬幣大小、薄厚適中的麵片，入鍋蒸熟盛盤。將調味汁（油、辣椒油、鹽、香油、醋）淋入盤中，用橫切成條狀的黃、紅彩椒將蕎麥片與蓧麥片分隔開來，盤邊放些紫蘇葉。

　　**營養評析**：蕎麥、蓧麥蛋白質含量高，氨基酸配比均衡，可以美顏、瘦身、預防許多都市上班族容易罹患的慢性病。

### ▼四季飄香

　　**原料**：青豆200克、杏仁80克、馬齒莧30克、新鮮玉

米粒100克；蜂蜜、油適量。

**製法：**將上述原料焯熟裝盤，蜂蜜及少量野山茶油勾芡淋上即可。

**營養評析：**青豆和玉米所含氨基酸互補後營養價值很高。杏仁潤肺止咳，馬齒莧清熱解毒，對身體起到一定排毒、美顏的作用。

### ▼水晶翡翠

**原料：**蘆薈 200 克、海蜇皮 150 克、黃豆 80 克；油、洋蔥、醋（白醋）適量。

**製法：**將蘆薈洗淨去皮，切成條狀，煮沸1～2分鐘後取出，海蜇皮切成塊狀。先將黃豆倒入鍋中煮至三分熟，放入洋蔥炒至六分熟，再將海蜇皮放入一起炒。最後倒入白醋，將蘆薈放入翻炒盛盤。

**營養評析：**具有清理腸道、美容的作用。

### ▼牛肉六珍煲

**原料：**牛肉400克，香菇80克，枸杞子7克，胡蘿蔔100克，山藥100克，猴頭菇80克；薑、蒜、鹽、味精、料酒、橄欖油適量。

製法：1.先將香菇、猴頭菇泡發待用；2.將胡蘿蔔、山藥切成塊備用；3.將牛肉洗淨切成小塊，放入調味料及黨參、陳皮、黃耆適量然後和切好的胡蘿蔔、山藥、泡好的香菇、猴頭菇一起倒入砂鍋中加枸杞子用文火煲熟即可。

營養評析：牛肉蛋白質含量高，而脂肪含量低，吃了不易長胖，所以味道鮮美，受人喜愛，享有「肉中驕子」的美稱。香菇芳香鮮美，胡蘿蔔對人體具有多方面的保健功能，因此被譽為「小人參」。山藥是藥用蔬菜，營養價值很高，有健脾、補肺、固腎等功效，猴頭菇所含的多醣體、多酶類對癌細胞有較強的抑制作用。

### ▼金色年華

原料：南瓜150克，貢米、燕麥、大麥、糙米各120克，百合50克。

製法：1.將南瓜洗淨蒸至六分熟；將貢米、燕麥、大麥、糙米分別蒸八分熟；2.在南瓜有蒂一面的1/3處以齒狀切開後去籽；3.將貢米、燕麥、大麥、糙米、百合攪拌均勻放入南瓜中蓋好蒸熟；4.食用時將南瓜均勻切開即可。

營養評析：南瓜富含澱粉、維生素A等多種營養素，有「蔬菜之王」的美稱。補中益氣，與多種粗糧搭配，符合平衡膳食的營養原則，可以調理腸胃，具有排毒的功效。

## 健康小叮嚀

### 分解脂肪 9 大天然食物

1. 凍豆腐。能吸收腸胃道脂肪，且幫助脂肪排泄。

2. 筍。低脂、低糖、多粗纖維的竹筍可防止便秘，但胃潰瘍者不宜多吃。

3. 醃漬類蔬菜。植物性脂肪在製作過程被分解了，但水腫型肥胖者不能吃，以免體液滯留。

4. 綠豆芽。含磷、鐵、大量水分，可防止脂肪在皮下形成。

5. 木瓜。可治水腫、腳氣病，且可改善關節。

6. 鳳梨。具有蛋白質分解酵素，能分解魚、肉，適合吃過大餐後食用。

7. 陳皮。幫助消化、排除胃氣之外，還可減少腹部脂肪堆積。

8. 烏賊。烏賊脂肪含量很低，不易變胖，是減肥時的好食物。

9. 薏苡仁。對水腫型肥胖者有效。

# 六、白血病

白血病是造血系統的惡性疾病，俗稱「血癌」，表現為正常血細胞生成減少，周圍血中的白血球發生質和量的異常，白血球及其幼稚細胞（即白血病細胞）在骨髓或其他造血組織中進行性、失控制的異常增生。浸潤並損害各種組織，產生不同症狀。

白血病患者往往以感染發燒為主要症狀，絕大多數患者血中的白血球數是很高、很容易被感染，如口腔、咽喉、耳鼻、肛門、皮膚等處受到侵犯可出現一些炎症變化，細菌毒力強的，進入血液還可成為「敗血症」危及生命。由於白血病人骨髓中製造大量不成熟的白血球，而產生血小板的巨核細胞就明顯減少了，故白血病患者會出現皮膚粘膜，多個組織器官出血，嚴重的會發生顱內出血。白血病細胞侵犯到其他組織可表現為骨痛、骨膜上長瘤（條色瘤）、皮膚結節、齒齦腫脹、肝脾淋巴結腫大等，還可表現為腦膜白血病、睪丸白血病等，白血病患者大多伴有貧血，又因出血而導致貧血加重。

白血病是中國十大高發惡性腫瘤之一：中國白血病患者約為3～4人/10萬人口，任何年齡均可發病，男性的發病

率高於女性。在三十歲左右的患者中，其中1/4的患者就表示他們剛剛買了新房，裝修後搬入；還有一部分的人是從事油漆、補胎的工作，平時常常接觸化學製劑。相關研究顯示，這些經歷都可能成爲白血病的致病因素。隨著醫學技術飛速發展，「血癌」不再難纏，只要及時發現、及時治療，白血病絕對可以治癒。

## 白血病有什麼樣的症狀？

**1.發病**　起病多急驟，病程短暫，以兒童和青年爲多，50歲以後起病者常類似慢性白血病。

**2.發燒爲急性白血病的首發症，可呈弛張燒、稽留燒、間歇燒或不規則燒，體溫37.5～40℃或更高。**病人時有冷感，但不寒戰。發燒原因主要是由於感染，常見的感染爲呼吸道炎症，尤其以肺炎、咽峽炎、扁桃體炎爲常見。也有發燒找不到明顯病灶的，多數感染是人體或環境（特別是醫院內）固有的微生物所引起。

**3.出汗**　由於代謝亢進，病人出汗較顯著，多爲盜汗，完全緩解時消失。但由於體質虛弱，仍有自汗。

**4.出血部位會遍及全身，尤其以鼻腔、口腔、牙齦、皮下、眼底常見，嚴重者會有顱內、內耳及內臟出血。**多產生相對或內臟出血症候群，視力障礙，耳蝸及前庭功能障礙，呼吸、消化及泌尿系統出血症候群出血程度可爲淤點、淤斑、大片青紫及大量出血，主要原因爲血小板減

少，纖維蛋白溶解，彌散性血管內凝血及血漿蛋白結合多醣體增多，抑制凝血功能所致。

**5.貧血** 早期即可出現，隨著病情發展而迅速加重，常與出血程度不成比例。患者常表現為臉色蒼白、乏力、心悸、氣促、浮腫等。白血病細胞的干擾，紅血球生成減少，是貧血的主要原因。

## 白血病應該做哪些檢查？

**1.血常規檢查：**一般白血球數早期偏低，晚期偏高，白血球特別高或特別低者，病情往往嚴重。各種急性白血病的患者血小板均會不同程度減少。

**2.骨髓檢查：**一般以有一個系統原始細胞超過10%即可診斷為急性白血病，也可以原始細胞加上第二代細胞超過30%者診斷為急性白血病；慢性白血病時原始細胞少於2%，原始細胞加第二代細胞通常少於10%。

**3.其他檢查：**穿刺塗片、生化檢查、組織化學等檢查可協助白血病的細胞類型分類。

## 白血病有哪些治療方法？

**1.化學藥物治療：**目前治療白血病以化療為主，常用的抗白血病藥物有長春新鹼、阿糖胞苷、環胞苷、6-巰基嘌呤、環磷醯胺、紅比黴素、阿黴毒、氨甲喋呤、強的松和三尖杉脂鹼、馬利蘭等。

**2.骨髓移植：**近年來，骨髓移植已廣泛應用於白血病的治療並取得較好的效果。

## 白血病應如何預防？

首先，不要過多地接觸X光線和其他有害的放射線。從事放射線工作的人員要做好個人的防護，加強預防措施。嬰幼兒及孕婦對放射線較敏感，易受傷害，婦女在懷孕期間要避免接觸過多的放射線，否則胎兒的白血病發病率較高。不過偶爾的、醫療上的X光檢查，劑量較小，基本上不會對身體造成影響。

其次，不要濫用藥物。使用氯黴素、細胞毒類抗癌藥、免疫抑制劑等藥物時要小心謹慎，必須有醫生指示，切勿長期使用或濫用。

第三，要減少苯的接觸，慢性苯中毒主要損傷人體的造血系統，引起人白血球、血小板數量的減少誘發白血病。從事以苯為化工原料生產的工人一定要注意加強勞動保護。

### 白血病常用食療方

▼六汁飲

〔原料〕荸薺、雪梨、新鮮麥冬、新鮮蓮藕、新鮮蘆根、甘蔗各200克。

〔製作〕將 6 種原料分別洗淨，切碎壓汁。各汁液混合，放入鍋內，加清水適量，用小火煮20分鐘即可，代茶飲。

〔功效〕清熱解毒，生津止渴。

〔適應範圍〕白血病有發燒、口乾、便秘、有出血傾向、皮下出血點。或食管癌、肺癌、胃癌、鼻咽癌放療後症見口乾、口苦，大便秘結不通，舌紅、苔黃、脈數或有咳血、鼻衄、尿血者兼見上述症狀者皆可用之。

〔注意事項〕使用時以熱毒內阻或溫毒邪入營血分為主，以發燒、口乾、口苦、便秘、舌紅、苔黃、脈數為要點。本方偏於清涼滑利，若症屬虛寒，大便溏泄者忌用。

### ▼白虎增液粥

〔原料〕生石膏40克，知母、玄參、麥冬、生地各15克，粳米100克，冰糖適量。

〔製作〕(1)生石膏搗成細末，加清水200克中火煮20分鐘，去渣留汁。(2)各藥材洗淨裝入紗布袋加水300克，煎煮去渣留汁。(3)粳米入鍋，加入石膏汁和藥片，以及清水適量，熬煮至米爛成粥，加適量冰糖調味即可。

〔功效〕清熱涼血，滋陰生津。

〔適應範圍〕適用於急性白血病高燒不退，汗出不解，口渴思飲，鼻衄不止或其他腫瘤症見高燒不退，症屬

實火者，見有便秘、尿黃、舌紅、苔黃、脈數者皆可用之。

〔**注意事項**〕使用時注意以實症爲主，見高燒不退、舌紅、苔黃、脈數爲要點。性偏寒涼，如屬末期病人症見虛寒者愼用。

#### ▼南北杏豬肺湯

〔**原料**〕南杏仁、北杏仁各15克，桑白皮15克，沙參15克，豬肺150克。

〔**製作**〕(1)豬肺洗淨，切塊。(2)南杏仁北杏仁、桑白皮、沙參洗淨，裝入紗布袋中。(3)全部原料放入鍋內，加水1000克武火煮沸，再用文火煮1小時，去藥渣，調味即可，飲湯食豬肺。

〔**功效**〕滋陰潤肺，化痰止咳。

〔**適應範圍**〕適用於白血病、肺癌、食管癌、鼻咽癌、乳腺癌或其他腫瘤屬於陰虛內熱者，或放療後出現口乾咽燥，乾咳痰少難咳，便秘，低溫盜汗，失眠多夢，舌淡，苔少，脈細數者。

#### ▼天冬豬瘦肉粥

〔**原料**〕天門冬30克，豬瘦肉100克，粳米100克，鹽適量。

〔**製作**〕將天門冬切斜條，煎取濃汁，去渣，豬瘦肉切條，加入粳米煮成粥，加入食鹽少許，即可飲用。

〔**功效**〕滋陰潤肺，生津止渴。

〔**適應範圍**〕適用於白血病陰虛有熱者，症見乾咳痰少，或其他腫瘤病症屬陰虛內熱者均可使用。

〔**注意事項**〕使用時以陰虛內熱爲主，性偏滋陰，如外感實症者慎用。

### ▼紅蘿蔔荸薺脊骨湯

〔**原料**〕紅蘿蔔250克，荸薺150克，脊骨250克。

〔**製作**〕(1)將紅蘿蔔、荸薺去皮洗淨，紅蘿蔔切段。(2)豬脊骨洗淨，加大塊。(3)把全部原料放入瓦煲內加入清水適量，先用武火煮沸，繼用中火煲2小時左右，加入適量食鹽調味即可飲用。

〔**功效**〕滋陰潤燥。

〔**適應範圍**〕適用於白血病及其他腫瘤症屬陰津不足，口乾咽燥，低熱，心煩失眠者。

### ▼洋參淮山烏雞湯

〔**原料**〕西洋參15克，淮山30克，紅棗20克，烏骨雞250克，薑三片。

〔**製作**〕(1)將西洋參洗淨切薄片，淮山、紅

棗洗淨。(2)烏骨雞洗淨，切塊，放入沸水中汆燙 3 分鐘，撈起，備用。(3)全部原料放入瓦煲內，加入清水適量，先用武火煮沸，繼用文火煮 1 小時左右，調味即可飲湯食肉。

〔**功效**〕健脾益氣。

〔**適應範圍**〕適用於白血病化療後出現體質虛弱，不思飲食，體倦乏力，頭暈短氣，臉色泛白無華，舌淡，苔薄白，脈沉細。或其他腫瘤病人有上述症狀者。

〔**注意事項**〕本方偏於滋補，適用於腫瘤病人體質差或放療、化療後正氣虧虛者。如外感未清或濕熱明顯者慎用。

## 白血病的中醫治療食譜

### ▼粳米豬肝蓮子紅棗粥

粳米50克，蓮子20克（水泡），熟豬肝（切成丁）30克，紅棗10個，加水適量熬粥，早晚分服。有防治貧血的作用。

### ▼紅棗桂圓薏米粥

紅棗 10 個，桂圓 20 克，薏米 40克，加水適量熬成粥，早晚食用。紅棗、桂圓、薏米均為健脾益胃滋補之品，經常食用可增強體質，提高機體

抗癌免疫功能。腫瘤患者貧血、身體虛弱或因放療、化療引起血紅蛋白低下、白血球減少及血小板減少者，均有較好輔助療效。

### ▼豬蹄黃豆銀耳湯

新鮮豬蹄 1 隻，黃豆 25 克，乾銀耳 10 克，食鹽 10 克，水適量。先把豬蹄、黃豆煮熟後，再加入銀耳文火同煮 5～10 分鐘，連湯服用。本品既能增加病人的營養，又能增強腫瘤病人對放療、化療的承受能力。

### ▼百合乾地黃粥

百合30克，乾地黃50克，粳米25克，蜂蜜適量。將百合洗淨，乾地黃加水浸泡30分鐘，煎汁去渣；粳米洗淨。將地黃汁、百合、粳米同放入鍋內，加水煮粥至熟，加蜂蜜調味。具有養陰清熱，涼血安神作用。適用於白血病屬於陰虛血熱者。症見神疲乏力，午後潮熱，五心煩熱，心煩失眠等症狀。

### ▼薺菜粥：

鮮嫩薺菜100～200克，粳米100克，白糖20克，精鹽、食油適量。將薺菜洗淨，切碎，壓榨取汁（或用白淨布絞汁），粳米洗淨；將粳米放入鍋內，加水適量，先用大火燒沸，轉為小火熬煮到米熟，加入白糖、食油、精

鹽、荸汁，繼續用小火熬煮到米爛成粥，即可食用。早、晚餐服食，每日1～2次。本品特點：粥軟爛，味鹹微甜，功用為清熱解毒，涼血止血。適用於白血病發燒出血症。研究認為薺菜甘淡酸涼具有抗腫瘤止血作用。

### ▼涼拌絲瓜

鮮嫩絲瓜1～2條，麻油、醬油各適量，鹽、味精各少許。將絲瓜刮皮，洗淨，瀝乾，剖兩半切成3公分段或0.6公分厚的片。絲瓜片加鹽拌勻，放1小時後將鹽瀝去，放入大碗內，加香油、醬油、味精，略拌勻即可食用。本品特點：綠色，味清香，爽口。功用為清熱化痰，涼血止血。適用於白血病發燒出血，痰核結塊等症狀。

# 第五章
# 怎樣大修腦和神經系統

在現代快節奏的社會競爭中，有很多三十多歲的人，儘管健康狀況良好，亦會因工作緊張、人事問題或其他種種原因出現神經系統症狀，常見的有頭痛、頭暈、目眩、耳鳴、四肢麻木、疲乏、注意力不集中、記憶力減退、工作效率下降等。

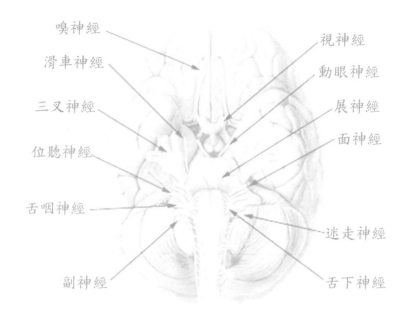

嗅神經　　　　　　　　　　　　　視神經

滑車神經　　　　　　　　　　　　動眼神經

三叉神經　　　　　　　　　　　　展神經

位聽神經　　　　　　　　　　　　面神經

舌咽神經　　　　　　　　　　　　迷走神經

副神經　　　　　　　　　　　　　舌下神經

神經系統

　　神經系統包括位於顱腔中的腦、椎管中的脊髓以及與腦、脊髓相連的腦神經、脊神經、植物性神經及其神經節。

　　腦與脊髓藉腦神經、脊神經、植物性神經與身體所有各器官相聯繫。人體的結構與功能均極為複雜，各器官、系統的功能不是孤立地進行著，內、外環境的各種刺激由感受器接受後，透過神經系統的活動，保證器官系統間的統一與合作，並使機體與複雜的外環境保持平衡。因此，神經系統在機體一切活動中發揮主導作用。

　　神經系統由中樞神經和周圍神經兩部分組成。中樞神經系統包括腦和脊髓，它們分別位於顱腔和椎管內。周圍

神經包括與腦和脊髓相連的腦神經、脊神經和植物性神經。它們各自都含有感覺和運動兩種成分。由腦發出的稱為腦神經；由脊髓發出的稱為脊神經。植物性神經是指分佈於內臟、心肌、平滑肌、腺體的神經，而支配體表、骨、關節和骨骼肌的神經又稱為軀體神經，故植物性神經與軀體神經的命名是根據它們所支配的對象而言。

在現代快節奏的社會競爭中，有很多三十多歲的人，儘管健康狀況良好，亦會因工作緊張、人事問題或其他種種原因出現神經系統症狀，常見的有頭痛、頭暈、目眩、耳鳴、四肢麻木、疲乏、注意力不集中、記憶力減退、工作效率下降等。

# 一、神經衰弱

神經衰弱是由於某些長期存在的精神因素引起大腦活動過度緊張，進而產生腦力活動能力的減弱。19世紀末，由於瓦特發明了蒸汽機，西方國家迅速工業化，物質生活得到改善，與此同時，人們工作、生活的節奏明顯加快。各種競爭更為激烈，為了生存人們普遍感到精神壓力加重。在當時的中、上層上班族中，尤其是腦力工作者，流行著一種時髦病，臨床症狀為失眠、臉紅、頭部重壓感等等。1869年首次提出了神經衰弱這個病名。在之後一段時間裡，神經衰弱成為

當時社會最流行的診斷名詞，有些人甚至以自己罹患神經衰弱來炫耀自己身分高貴。

近一個世紀以來，隨著對神經衰弱的認識逐漸加深，精神醫生對神經衰弱這一疾病的認識發生了變化。中國精神醫學家經過長期的調查研究認爲，神經衰弱是一種神經症性障礙，主要症狀爲精神容易興奮和腦力容易疲乏，情緒不穩，入睡困難。

一般來說，神經衰弱病人在患病前多有持久的情緒緊張和精神壓力，如學生擔心考試考不好，夫妻、婆媳關係緊張，個人生活環境、生活規律驟變等，都可能誘發神經衰弱。

1982年中國在12個地區進行精神病學調查，發現在15～59歲的居民中，神經衰弱的患病率爲13.03%，占全部神經症病例的58.7%，是中國目前最常見的神經症。

現代社會中，很多年輕人由於精神負擔過重、不注意勞逸結合、腦力過度疲勞，進而出現神經衰弱。神經衰弱多見於腦力工作者，主要症狀是腦力與體力容易疲勞，工作與學習效率減退，常伴有失眠、注意力不集中、煩惱、頭昏腦脹等症狀。

## 神經衰弱有什麼樣的症狀？

神經衰弱的主要症狀爲容易興奮和迅速疲勞，如頭

昏、頭痛、腦脹、失眠、多夢、記憶減退、注意力不集中、工作效率低下、煩躁易怒、疲乏無力、怕光、怕聲音、耳鳴、眼花、精神委靡等，並常常有各種軀體不適感，如心跳、氣急、食欲不振、尿頻、遺精等等。

## 神經衰弱對人體健康有什麼危害？

神經衰弱是一種常見疾病，主要特點是大腦高級神經中樞和植物神經的功能失調，所以患者不僅有頭痛、頭昏、失眠及記憶力減退等大腦功能紊亂的症狀，而且還會出現循環、消化、內分泌、代謝及生殖系統等功能失調的症狀。患者自覺症狀繁多，精神負擔極重，不少人服了許多滋補藥物，仍得不到理想的療效，因而擔心得了什麼大病沒有被檢查出來，十分苦惱，到處檢查求治，浪費了許多藥物、時間和金錢。

神經衰弱患者由於長期自認為病魔纏身，以致情緒緊張、焦慮、煩惱、睡眠不足、食欲不振、免疫功能下降，還會併發其他疾病。不僅嚴重影響學習、工作和前途，也給家庭增加了負擔，甚至影響家庭的和睦。而對疾病、個人前途的憂慮和家庭的不和，又構成新的社會心理因素，反過來使疾病進一步加重，形成病理的惡性循環，影響疾病的預後。

因此，神經衰弱這個病雖不危及患者的生命，不影響壽命，但卻在一定程度上影響了人們的身心健康和正常生

活。

## 神經衰弱簡易自測方法

仔細閱讀下面的陳述，根據自己的判斷做出選擇。

1.一星期中，至少有兩天覺得精神飽滿、身心舒暢。（是、否）

2.8小時以上的睡眠，仍感精神不振。（是、否）

3.精神不振找不到生理上的原因。（是、否）

4.以下症狀，有哪幾項是你經常經歷的：頭痛、頭暈、呼吸不順、心跳、心悸、眼花、消化不良、便秘、習慣性腹瀉、精神緊張、四肢乏力、長期失眠、精神不振及容易疲倦。（A）8項以上（B）4～7項（C）3項以下。

5.身體不適時，是否向他人傾訴？（A）時常（B）偶爾（C）從不。

6.你周圍的人是否重視你的存在？（A）非常重視（B）重視（C）不重視。

計分：第1題選「是」，第2、3題選「否」，第4、5題選C，第6題選A，各得1分。

第1題選「否」，第2、3題選「是」，第4、5、6題選B，各得2分。

第1、2、3題不選擇，第4、5題選A，第6題選C，各得3分。

**評分：**

0～7分，你是一個身心健康的人。

8～11分，你有神經衰弱的傾向，需改變一下目前的生活方式。

12～15分，你有嚴重的神經衰弱，應重視自身的生理及心理健康，必要時求助於心理醫生。

## 神經衰弱應如何治療？

神經衰弱的治療方法很多，但特效的辦法目前還沒有。常用的有中醫藥、針灸、按摩、氣功等方法，在此基礎上又發展了電興奮、離子透入、靜點治療、最新發明的神燈照射等。西醫主要是採用鎮靜、催眠等方法來調整植物神經功能，亦可採用心理治療、體育鍛鍊、氣功療法等等。

## 神經衰弱的中醫食療法

神經衰弱是指患者精神活動長期過度緊張，導致大腦的興奮和抑制功能失調，屬於神經官能症的一種類型。中醫學認為該病屬於驚悸、不寐、健忘、眩暈、虛損等範疇。神經衰弱患者使用藥膳調理，是按照中藥的性味功能與適宜的食物結合，經過烹調製作後，使之與人體臟腑陰

陽、氣血盛衰、寒熱虛實配合，進而達到治療神經衰弱的
目的。

### ▼芹菜棗仁湯

新鮮芹菜90克，酸棗仁8克，加適量水共煮成湯，瀝去
芹菜和酸棗仁渣飲湯。此為一日量，分別於中午飯後和晚
上臨睡前服用。

### ▼小麥黑豆夜交藤湯

小麥 45 克，黑豆 30 克，夜交藤 10 克，同放鍋中，加
水適量煎煮成湯，瀝去小麥、黑豆、夜交藤藥渣飲湯。此
為一日量，分兩次飲服。

### ▼百合棗龜湯

龜肉50克，百合15克，紅棗10個，調味料適量。龜肉
切塊，紅棗去核，與百合共煮，加調味料，煮至龜肉熟爛
即可，飲湯食肉。此為一日量，分兩次食用。

### ▼鮮花生葉湯

新鮮花生葉15克，赤小豆30克，蜂蜜兩湯匙。將花生
葉、赤小豆洗淨，放入鍋內，加水適量煎煮成湯，撈出花

生葉，調入蜂蜜，飲湯食豆。此爲一日量，分兩次飲服。

### ▼蔥棗湯

紅棗20個，帶鬚蔥白兩根。將紅棗洗淨用水泡發，帶鬚蔥白洗淨，切成寸段備用。將紅棗放入鍋中，加水適量，先用武火燒開，再改用文火燉約20分鐘，加入帶鬚蔥白後繼續燉10分鐘即成，食棗飲湯。此爲一日量，分兩次服食。

### ▼龍眼薑棗湯

龍眼肉10克，生薑5片，紅棗15個。選用肉厚、片大、質細軟、油潤、色棕黃、半透明、味道濃甜的龍眼肉，新鮮生薑洗淨刮去外皮，切片，紅棗洗淨備用。把龍眼肉、生薑片、紅棗一同放入鍋中，加水兩碗，煎煮成一小碗即可。瀝去藥渣飲湯，此爲一日量，分兩次飲用。

### ▼蓮子桂圓湯

蓮子（去芯）、茯苓、芡實各8克，龍眼肉10克。文火燉煮50分鐘，瀝去藥渣，煮至黏稠狀，再拌入紅塘，冷卻後飲湯，此爲一日量，分兩次飲服。

## 神經衰弱按摩治療法

高節奏、高壓力的生活導致的神經衰弱，確實困擾著許多人，不過，掌握了下面的自我按摩法，就能很好地緩解這些症狀了。

**1.點攢竹、揉前額、按揉百會：**採坐姿或臥，先用雙拇指抵住攢竹穴（眉頭凹陷處），慢慢用力，約1分鐘，以局部有痠脹感爲宜；繼而用大魚際揉前額部，約2分鐘；最後雙中指在百會穴（頭頂正中心）處用力揉約1分鐘。

**2.五指拿頭：**五指張開，由前額部至後項部，用力推拿數十次。

**3.摩腹：**採仰臥姿勢，兩手掌相疊，以神闕穴（肚臍）爲圓心，在中腹、下腹部，沿順時針方向揉動，以腹內有熱感爲宜，約2分鐘。

**4.點揉氣海、關元：**患者採坐姿或仰臥姿勢，用拇指或食指抵住氣海（臍下1.5寸處）、關元穴（臍下3寸處），緩慢揉動，每穴1分鐘。

**5.按揉三陰交：**採坐姿，彎腰，用雙手拇指分別抵住雙三陰交穴（內踝上3寸處），用力按揉2分鐘。

**6.捏脊：**俯臥，他人從腰部開始，捏緊背部皮膚，一鬆一緊，向上移動，重複操作10次左右。

# 二、偏頭痛

偏頭痛是因顱內、外組織結構中的痛覺神經末梢，即痛覺感受器受到物理性的（如炎症、損傷或腫物的壓迫）或化學性的致病因數的刺激，產生異常神經衝動，經痛覺傳導通路傳達到中樞神經系統最終至大腦皮層而產生的。

偏頭痛是一種非常痛苦且發病率較高的疾病，它是一種嚴重的、反覆發作的頭痛，一般位於頭前部的一側，患者常感到頭痛呈跳動性。偏頭痛發用時，不同的病人感覺會不一樣，有些患者可能表現為容易激動，有些人可能伴有腹瀉或便秘，另外一些人可能希望避開光線和噪音。

偏頭痛原本是中老年人的好發病，如今許多年輕人也遭此痛苦。由於壓力大、工作勞累、競爭激烈等原因，年輕上班族常常用腦過度。特別是一些從事銷售、公關、廣告的在職人員，他們經常室內、室外跑。在室內，中央空調溫度很低，但室外，日曬溫度又相當高。加上壓力大、情緒緊張，高溫天氣睡眠品質也差，如果勞累、受冷、受風寒後就更容易發病了。還有一些上班族在夏季盲目進補，進補不當導致內火旺，更有可能加重病情。

專家指點：調節情緒對於緩解偏頭痛有明顯的作用。在調節好情緒的基礎上，再採用中醫治療，可以有效控制病情的發作。

# 偏頭痛如果不治有什麼危害？

偏頭痛是原因不明的疾病，但是長期發病，輕則影響學習、生活和工作，降低生活品質，重則誘發缺血性中風、腦出血、癡呆，因此必須趁早醫治。

## 家庭治療偏頭痛的六種方法

偏頭痛是一種陣發性半側頭痛，發作一次會折磨患者幾個小時，嚴重的偏頭痛患者還可能導致積蓄性大腦損害，因此，經常罹患偏頭痛會導致思維能力下降、反應遲鈍。

**治療偏頭痛有以下幾種方法：**

**1.揉太陽穴：**每天清晨醒來後和晚上臨睡以前，用雙手中指按太陽穴轉圈揉動，先順揉七至八圈，再倒揉七至八圈，反覆幾次，連續數日，偏頭痛可以大為減輕。

**2.梳摩痛點：**將雙手的十個指尖，放在頭部最痛的地方，像梳頭那樣進行輕度的快速梳摩，每次梳摩一百個來回，每天早、中、晚飯前各做一次，便可達到止痛目的。

**3.熱水浸手：**偏頭痛發作時，可將雙手浸於一壺熱水

中，水溫以手入水後能忍受的極限爲宜，堅持浸泡半個小時左右，便可使手部血管擴張，腦部血液相對減少，進而使偏頭痛逐漸減輕。

**4.中藥塞鼻：**取川芎、白芷、炙遠志各15克烘乾，再加冰片7克，共研成細末後裝瓶備用。用綢布包少許藥粉塞右鼻，通常塞後15分鐘左右便可止痛。

**5.吃含鎂食物：**偏頭痛患者應經常吃些含鎂比較豐富的食物，如核桃、花生、大豆、海帶、橘子、杏仁、雜糧和各種綠葉蔬菜，這對緩解偏頭痛症狀有一定作用。

**6.飲濃薄荷茶：**取乾薄荷葉15克放入茶杯內，用剛燒開的開水沖泡5分鐘後服用，早晚各服一次，對治療偏頭痛也有一定作用。

## 偏頭痛的自我推拿法

偏頭痛在中醫學中稱「頭風」、「腦風」、「厥頭痛」、「少陽頭痛」等。偏頭痛除了請醫生幫助治療外，自我推拿也可發揮到很好的防治效果。

下面是偏頭痛的自我實用推拿方法，做一具體介紹。

◆**頭部操作：**

採坐姿或仰臥姿勢。

1.先用大拇指指端或偏峰，自眉心向上垂直平推至髮際，雙手交替，往返18次。再用大拇指指腹沿兩眉中點印堂穴處，向兩側平推至太陽穴，分3次上到髮際，再往返，左右手交替，各9次。

2.用食、中兩指指腹，沿眉弓向兩側推至太陽穴，左手食、中兩指推向右，並配合抹法抹回來；右手食、中指推向左，亦配合抹法，如此往返各9次。

3.用一指禪推法，以雙大拇指指端，從各自內眼角沿眼眶推至外眼角，先上後下，雙眼作「∞」形，往返推約7～9遍。或將雙手大拇指放在同側太陽穴上，用食指繞側緣輪刮眼眶，方向同上，往返9次。

4.用雙大拇指指腹按揉太陽穴，順、逆時針方向各9次；用中指指腹按壓攢竹（雙）、魚腰（雙）、陽白（雙）、四白（雙）、迎香（雙）各15秒，以稍感痠脹為度。用食指或中指指腹點按頭頂百會穴2分鐘。

5.一手扶頭側，一手五指分開並微屈，在顳旁自前向後來回推擦，然後換手推擦另一側顳旁，每側各18次。

6.用大魚際揉法，輕揉印堂、前額部、左右眉弓、太陽穴及兩側顳部，每個部位各49次。

◆頸部操作：

採坐姿或仰靠姿。

1.用大拇指指腹推抹左右「橋弓」穴（在耳垂後凹陷中翳風穴到頸下鎖骨中的缺盆穴這一條線上）各9次。推抹左「橋弓」穴用右大拇指指腹，推抹右「橋弓」穴用左大拇指指腹。推抹「橋弓」穴只能單側交替進行，不可兩側同時進行，因「橋弓」穴的部位是在頸動脈竇的部位，頸動脈竇是一個重要的體表——內臟反射點，發揮調節血壓的作用。

2.五指分開微屈，指端著力，從前額髮際到頭頂再到枕後部點按，每一著力部位點按2秒鐘，然後雙手點按頭兩側部位，往返各3次。

3.以五指拿法，用大拇指和其餘四指相對用力，拿捏頸部兩側肌肉，自上而下，推至大椎穴兩側，往返7次。

4.雙手交叉於頭頂，用大拇指指端按揉風池穴，順、逆時針方向各9次。

5.一手扶頸後，另一手掌輕拍頭頂部百會穴，雙手交替各10次。

6.雙手梳頭、振耳各9次。放鬆、靜坐調息3分鐘。推拿到此結束。

## 偏頭痛的食療方

偏頭痛，中醫謂之為「頭風」，其發作原因事關外因和內因。外因是春季風邪正盛，與濕、熱、寒相挾進犯人

體所致。即春天天氣潮濕，氣溫乍暖乍寒，容易誘使側頭痛病的發作。內因為患者肝陰不足、肝陽上亢或肝鬱氣滯，日久化火，上犯清空而發；或脾失健運，痰濁內生而致；或經脈氣血瘀阻而致；所以分為肝陽型偏頭痛、痰濁型偏頭痛、血瘀型偏頭痛。在食療方面，應對症分別以平肝潛陽、化痰降濁、活血化瘀食物治療，簡介如下：

## 一、肝陽偏頭痛

**1.天麻燉豬腦**：豬腦 1 副（洗淨剔除血筋），天麻 10 克，生薑 1 片，清水適量共入瓦盅內燉熟。每天或隔天服一劑，趁熱服食。方中豬腦能補頭腦髓海，治神經衰弱、頭風及訾暈。天麻性味甘平，功能平肝我、安神止痛。

**2.桑菊薄荷茶**：冬桑葉、杭白菊各 10 克，薄荷 6 克，沸水沖泡代茶飲。方中冬桑葉性味若寒，祛風清熱，治頭痛目赤。杭白菊性味苦平，平肝明目、清熱解毒，治諸風頭眩腫痛。薄荷味辛，疏風散熱，治頭風頭痛。

**3.山楂荷葉茶**：山楂 30 克，荷葉 12 克，用清水 500 毫升，瀝渣飲用，每日一劑。方中山楂性味甘，能化瘀散結。荷葉性味苦澀，外發清陽，治頭風、暈眩。

**4.鉤藤菊花粥**：鉤藤 20 克、菊花 12 克、粳米 100 克。用粳米 100 克熬粥；鉤藤 20 克加水 50 毫升煎 10 分鐘，再加入菊花煎 5 分鐘，濾去藥

渣，藥汁入粥中，稍滾即可食用。方中鉤藤性味甘、微寒，平肝風、除煩熱，治頭暈目眩。菊花作用見前。粳米益氣補中。

**5.決明海帶湯：**決明子（搗破）10 克、海帶 30 克，加水 500 毫升煮至 250 毫升，棄渣飲湯。方中決明子性味苦涼，清肝明目，治暈眩。海帶性味鹹寒，能清熱軟堅，化痰利水。

## 二、痰濁型偏頭痛

**1.法夏天麻粥：**法半夏、制南星、天麻各 10 克，粳米 100 克，將前三味水煎取汁，加入粳米熬粥即可。方中法半夏性味辛平，燥濕健脾、消痰止逆。制南星性味苦辛，祛風、化痰、散結。天麻作用見前。

**2.天麻陳皮燉豬腦：**天麻、陳皮各10克，豬腦一副（洗淨剔除血筋）合燉。方中天麻、豬腦作用見前。陳皮性味辛苦，可調中理氣、化痰燥濕。

## 三、血瘀型偏頭痛

**1.川芎白芷燉魚頭：**川芎 10克、白芷 6 克、鱅魚頭一個（洗淨）、生薑一片，清水適量合燉，飲湯食魚頭。方中川芎性味辛溫，主治中風入腦頭痛，能活血行氣、驅風止

痛。白芷性味辛溫，解頭痛，祛風散寒。鱅魚頭味甘，能補脾益氣、引藥上行。

**2.牛腦煮酒：**黃牛腦髓一副，川芎、白芷各10克，黃酒 50毫升。黃牛腦髓（豬腦亦可）切片，加入川芎、白芷、黃酒和適量清水煮熟，睡前服食。方中川芎、白芷作用見前。牛腦補腦，故有攻補兼施之妙。

此外，偏頭痛發作期間，宜少食動風惹痰的肥甘厚味和雞肉、海味、巧克力等。

## 健康小叮嚀

### 治療偏頭痛的小驗方

1.將樟腦3克、冰片0.6克放於碗裡，用火點著，鼻嗅其煙，1日聞3次。

2.新鮮蔥3根、薑皮5克、酒糟20克，共搗拌匀，敷於痛處。

3.綠豆曬乾，稍微搗破，作枕心。

# 三、失眠

睡眠與覺醒是生命活動必須的主動生理過程，良好的睡眠能促進腦力和體力的恢復，促進集體生長，記憶的儲存。睡眠是人腦的一種機能，人腦中有「睡眠裝置」。腦細胞的興奮和抑制是相互協調的，大腦需要興奮，也需要抑制，以免失去平衡而破壞神經系統，引起神經衰弱帶來失眠。失眠是指各種原因引起的睡眠障礙。

三十歲的人大都有深夜工作的習慣，他們通常晚上睡得比較晚，因工作關係又要很早起床，中午又沒有時間睡午睡。他們的睡眠沒有規律，睡眠的覺醒節律經常被打破，生理時鐘紊亂，引起失眠。

## 失眠有哪些危害？

長期失眠對人的健康會造成危害，病人非常痛苦，會感到緊張、焦慮，表現抑鬱，常常過多地考慮如何得到充

足的睡眠，以致形成惡性循環，得了睡眠恐怖症。

專家的最新研究發現，人體長期睡眠不足或處於緊張狀態，會使神經——內分泌的應激調控系統被啓動並逐漸衰竭而發生調節紊亂。病理解剖發現，長期睡眠不良者的血管硬化明顯，口徑變窄，嚴重影響供血而使一些器官的功能發生障礙，機體的各類代謝產物不能及時排出體外，白血球數量減少，免疫功能明顯降低，進而對健康產生嚴重的不良影響。

有關研究顯示，一個人如果連續兩個晚上不睡覺，他的血壓會升高；如果每晚只睡4小時，其胰島素的分泌量會減少；連續一週就足以使健康人出現糖尿病前驅症狀。睡眠時間不足還會導致胰島素低抗，進而造成肥胖。

徹夜不眠會大大增加發生胃腸道潰瘍的可能性，這是由於在睡眠過程中，某種具有幫助調節胃腸道功能的蛋白質最爲活躍。每週工作超過60小時的人罹患心臟病的機會比每週工作40小時以下的人要高出2倍，一週內就算只有2夜平均睡眠不足5小時的人，罹患心臟病的風險也會比正常人高2～3倍。

不良睡眠除了誘發精神錯亂之外，還與感冒、抑鬱症、糖尿病、肥胖、中風、心臟病和癌症的發生有關。

# 失眠有什麼樣的症狀？

1.入眠困難或早醒，常伴有睡眠不深與多夢。

2.嚴重時持續數日通宵不眠，會出現構思困難，情緒不穩或低落。

3.會伴有軀體症狀及植物神經功能失調。

## 失眠的治療方法

**治療失眠的常見方法有以下四種：**

**1.藥物治療：**小劑量短時間使用安眠藥是治療失眠的重要方法之一，但安眠藥有依賴性與成癮性，會抑制呼吸，使記憶力減退，因此要嚴格遵從醫囑，不能濫用。此外，其他還有「夜舒寧」、「腦樂靜」、「安神膠囊」、「解鬱安神顆粒」、「安乃靜」等。

**2.心理治療：**主要適用於治療以情緒因素為主導作用的疾病，如神經衰弱、癔病、抑鬱症等。這些疾病可以導致失眠，治好了這些病，也就治好了失眠。

**3.自我調節治療：**保持情緒穩定，豁達開朗，改正睡前飽食、喝酒、看刺激書刊等影響睡眠的習慣，讓自己的生理時鐘有規律地進行。

**4.器械治療：**可以購買有助於睡眠的健康床墊、恒溫冷暖床墊、紅外健康枕、恒溫冷暖枕頭等。

## 七道簡易湯治療失眠

　　飲食是最安全的方法，妥善運用有安神、鎮靜功效的中藥調理，既自然又可健康的吃出睡意。以下推薦七道湯飲，不妨試試：

### 1.酸棗仁湯：

　　酸棗仁三錢搗碎，水煎，每晚睡前一小時服用。酸棗仁能抑制中樞神經系統，有較恒定的鎮靜作用。對於血虛所引起的心煩不眠或心悸不安有良效。

### 2.靜心湯：

　　龍眼肉、川丹參各三錢，以兩碗水煎成半碗，睡前30分鐘服用。可達鎮靜的效果，尤其對心血虛衰的失眠者，功效較佳。

### 3.安神湯：

　　將生百合五錢蒸熟，加入一個蛋黃，以200毫升水拌勻，加入少許冰糖，煮沸後再以50毫升的水拌勻，於睡前一小時飲用。百合有清心、安神、鎮靜的作用，經常飲用，可收立竿見影之效。

### 4.三味安眠湯：

　　酸棗仁三錢，麥多、遠志各一錢，以水 500 毫升煎至

50毫升，於睡前服用。以上三種藥材均有寧心、安神、鎮靜的作用，混合有催眠的效果。

### 5.桂圓蓮子湯：

取桂圓、蓮子各二兩煮成湯，具有養心、寧神、健脾、補腎的功效，最適合中老年人、長期失眠者服用。

### 6.養心粥：

取黨參35公克，去子紅棗10個，麥冬、茯神各10克，以2000毫升的水煎至500毫升，去渣後，與洗淨的米和水共煮，米熟後加入紅糖服用。可達養氣血、安神的功效，對於心悸（心跳加快）、健忘、失眠、多夢者有明顯改善作用。

### 7.百合綠豆乳：

取百合、綠豆各25克，冰糖少量，煮熟爛後，服用時加些牛奶，對於夏天睡不著的人，有清心、除煩、鎮靜之效，牛奶含色氨酸能於腦部轉化成血清素促進睡眠。

## 健康小叮嚀

### 教你幾種促進睡眠的小竅門

1.每天睡眠前，口服一湯匙蜂蜜。

2.勤梳頭。正確的梳頭方法是：由前向後，再由後向前；由左向右，再由右向左。

3.臨睡前可以飲一杯溫牛奶。

4.晚飯後用紅棗加水煎汁服用，能加快入睡時間，也可與百合煮粥食用。

5.每晚吃一把瓜子，可發揮安眠作用。

6.用小米9～15克、半夏5克，水煎後服，對身體不佳而引起的夜寐不安特別適用。

# 第六章

# 怎樣大修運動系統

人們越來越多的傾向於靜坐的生活方式，很少，甚至不再進行像走路、手工勞動、舉重等負重性活動，這也是促進骨質疏鬆的重要因素。有中醫表示，都市人必須減少精神壓力、多做運動、多吃蔬果，加上適當休息、充足睡眠，有助減緩骨質流失。

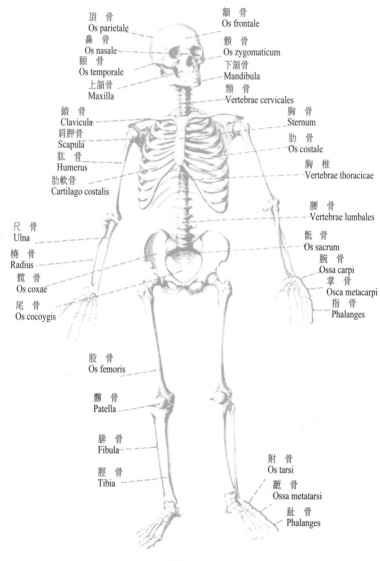

頂骨
Os parietale
鼻骨
Os nasale
顳骨
Os temporale
上頜骨
Maxilla

額骨
Os frontale
顴骨
Os zygomaticum
下頜骨
Mandibula
頸骨
Vertebrae cervicales

鎖骨
Clavicula
肩胛骨
Scapula
肱骨
Humerus
肋軟骨
Cartilago costalis

胸骨
Sternum
肋骨
Os costale
胸椎
Vertebrae thoracicae

尺骨
Ulna
橈骨
Radius
髖骨
Os coxae
尾骨
Os cocoygis

腰骨
Vertebrae lumbales
骶骨
Os sacrum
腕骨
Ossa carpi
掌骨
Osca metacarpi
指骨
Phalanges

股骨
Os femoris

髕骨
Patella

腓骨
Fibula

脛骨
Tibia

附骨
Os tarsi
蹠骨
Ossa metatarsi
趾骨
Phalanges

## 運動系統

　　運動系統由骨和骨連結以及骨骼肌組成。骨透過骨互相連結在一起，組成骨骼。骨骼肌附著於骨，收縮時牽動

骨骼，引起各種運動。骨、骨連結和肌肉構成人體支架和基本輪廓，並有支持和保護功能，如顱支持和保護腦，胸廓支持和保護心、肺、脾、肝等器官。運動系統作為人體的一個部分，是在神經系統支配下進行活動的。

運動體係疾病有骨質疏鬆、關節炎、腕管綜合症等。

# 一、骨質疏鬆

骨質疏鬆症是以骨組織顯微結構受損，骨礦成分和骨基質等比例地不斷減少，骨質變薄，骨小梁數量減少，骨脆性增加和骨折危險度升高的一種全身骨代謝障礙的疾病。簡單的說，骨質疏鬆症是指當人逐漸變老時，腸對鈣的吸收能力會下降，皮膚合成維生素 D 的能力也下降，骨頭中的鈣不斷地流失，到一定程度時骨骼就變得十分鬆脆，承受一點輕微的外力就會產生骨折。

如果鈣攝取充足，在三十歲時的骨密度峰值達到高水準，骨量儲備充足，那麼四十歲以後骨量雖然會流失，但流失到因骨質疏鬆而造成骨折的危險性要小許多。具體來說，就是在三十歲前，盡可能地使骨骼品質達到最佳，讓

自己有較多的本錢，面對三十歲以後人體自然的骨質流失。如果你已經超過三十歲，那你必須增強骨骼的強韌度。

　　據統計資料顯示，骨質疏鬆症已成為全球性健康問題，並且發病率呈年輕化趨勢，即使二、三十歲的女性也有可能罹患此病。人們越來越多的傾向於靜坐的生活方式，很少，甚至不再進行像走路、手工勞動、舉重等負重性活動，這也是促進骨質疏鬆的重要因素。有中醫表示，都市人必須減少精神壓力、多做運動、多吃蔬果，加上適當休息、充足睡眠，有助減緩骨質流失。

## 骨質疏鬆有什麼樣的症狀？

　　⑴**疼痛**。原發性骨質疏鬆症最常見的症狀，以腰、背疼痛最常見，占疼痛患者的 70％～80％。疼痛沿脊柱向兩側擴散，仰臥或坐姿時疼痛減輕，直立時後伸或久立、久坐時疼痛加劇，日間疼痛輕，夜間和清晨醒來時加重，彎腰、肌肉運動、咳嗽、大便用力時加重。通常骨量流失 12％以上時即會出現骨痛。

　　⑵**身長縮短、駝背**。多在疼痛後出現。脊椎椎體前部幾乎多為鬆質骨組成，而且此部位是身體的支柱，負重量大，尤其第11、12胸椎及第3腰椎，負荷量更大，容易壓縮

變形，使脊椎前傾，背曲加劇，形成駝背，隨著年齡增長，骨質疏鬆加重，駝背曲度加大，致使膝關節攣拘顯著。

⑶**骨折**。這是退行性骨質疏鬆症最常見和最嚴重的併發症。

⑷**呼吸功能下降**。胸、腰椎壓縮性骨折，脊椎後彎，胸廓畸形，會使肺活量和最大換氣量顯著減少，患者往往會出現胸悶、氣短、呼吸困難等症狀。

## 骨質疏鬆應該做什麼檢查？

退行性骨質疏鬆症診斷需依靠臨床症狀、骨量測定、X光片及骨轉換生物化學的指標等綜合分析判斷。

**1.生化檢查：**

測定血、尿的礦物質及某些生化指標有助於判斷骨代謝狀態及骨更新率的快慢，對骨質疏鬆症的鑑別診斷有重要意義。

⑴**骨形成指標**。

⑵**骨吸收指標：**

①尿羥脯氨酸。②尿羥賴氨酸糖甙。③血漿抗酒石酸鹽酸性磷酸酶。④尿中膠原吡啶交聯（PYr）或I型膠原交聯N末端肽（NTX）。

(3)**血、尿骨礦成分的檢測：**

①血清總鈣。②血清無機磷。③血清鎂。④尿鈣、磷、鎂的測定。

## 2. X 光檢查：

X 光仍不失為一種較易普及的檢查骨質疏鬆症的方法。

## 3. 骨礦密度測量：

(1)**單光子吸收測定法（SPA）。**

(2)**雙能 X 光吸收測定法（DEXA）。**

(3)**定量 CT（QCT）。**

(4)**超聲波（USA）。**

## 運動療法防治骨質疏鬆

1989年，世界衛生組織（WHO）明確提出了預防骨質疏鬆的三大原則：補鈣、運動療法和飲食調節。那麼，適合三十歲左右年輕人的運動療法是什麼呢？

30歲左右的年輕人，全身骨骼開始進入老化期。因此，提高骨骼峰值量，延緩骨量流失，是該年齡層青年預防骨質疏鬆的基本策略。

不過，年輕並不意味著就適合高強度的運動。下面是

適合年輕人的3個防治骨質疏鬆的運動項目：

目標1——適合20歲出頭的年輕人，尤其是女性。

進行有規律的高強度運動，如定期跑步、體操、游泳等，每週至少1次，每次30分鐘以上，以加快骨的形成反應。

目標2——適合已經骨質疏鬆的年輕人。

運動能力較強者，應選用高強度肌肉力量或爆發力訓練，如在健身教練指導下進行每週3次以上，每次20分鐘左右的啞鈴、槓鈴訓練；運動能力較弱者，選用中等強度的有氧運動，如慢跑、騎自行車、登山等，運動強度根據身體條件靈活調節。

目標3——姑息性治療，適合已有骨質疏鬆，且合併有其他疾病（如心肺功能不全），以致於不能勝任中等以上強度運動的體弱青年。

要在醫生指導下，盡可能做一些體力消耗較小的運動，如每天曬著太陽散步1小時，每天打太極拳或做體操半小時，有能力的話可以進行游泳鍛鍊。此類人群運動的意義在於提高肌力及平衡、協調能力，避免跌倒、骨折。

## 骨質疏鬆飲食療方

▲木瓜湯：羊肉 100 克，蘋果 5 克，豌豆 300 克，木瓜 1000 克，粳米 500 克，白糖、鹽、味精、胡椒粉適量。①將羊肉洗淨，切成六公分見方的小塊。粳米、蘋果、豌豆洗乾淨。木瓜取汁待用。②羊肉、蘋果、豌豆、粳米、木瓜汁、清水適量一同放入鍋，用武火煮沸後，轉用文火燉，至豌豆熟爛，肉熟，放入白糖、鹽、味精、胡椒粉即可。經常食用，補中益氣。

▲桃酥豆泥：扁豆 150 克，黑芝麻 25 克，核桃仁 5 克，白糖適量。①扁豆入沸水煮 30 分鐘後去外皮，再將豆仁蒸爛熟，去水搗成泥。②炒香芝麻，研末待用。③油熱後將扁豆泥翻炒至水分將盡，放入白糖炒勻，再放入芝麻、白糖、核桃仁溶化炒勻即可。

▲茄蝦餅：茄子 250 克，蝦皮 50 克，麵粉 500 克，雞蛋 2 個，黃酒、生薑、醬油、麻油、精鹽、白糖、味精各適量。①茄子切絲用鹽醃 15 分鐘後擠去水分，加入酒浸泡的蝦皮，並加薑絲、醬油、白糖，麻油和味

精，拌勻成餡。②麵粉加蛋液、水調成麵糊。③植物油燒六分熱舀入一匙麵糊，轉鍋攤成餅，中間放餡，再蓋上半匙麵糊，兩面煎黃。經常食用，活血補鈣，止痛，解毒。

▲蘿蔔海帶排骨湯：排骨250克，白蘿蔔250克，水發海帶50克，黃酒、薑、精鹽、味精各適量。①排骨加水煮沸撈去浮沫，加上薑片、黃酒，小火燉熟。②熟後加入蘿蔔絲，再煮5～10分鐘，調味後放入海帶絲、味精，煮沸即起。

▲排骨豆腐蝦皮湯：豬排骨250克，北豆腐400克，雞蛋1個，洋蔥50克，蒜頭1瓣，蝦皮25克，黃酒、薑、蔥、胡椒粉、精鹽、味精各適量。①排骨加水煮沸後撈掉浮沫，加上薑和蔥段、黃酒小火煮爛。②熟後加豆腐塊、蝦皮煮熟，再加入洋蔥和蒜頭，煮幾分鐘，熟後調味，煮沸即可。經常食用，強筋壯骨，潤滑肌膚，滋養五臟，清熱解毒。

▲紅糖芝麻糊：紅糖25克，黑芝麻各25克，藕粉100克。先將黑芝麻炒熟後，再加藕粉，用沸水沖勻後再放入紅糖拌勻即可食用，每日一次沖飲，適用於中老年缺鈣者。

## 健康小叮嚀

### 曬太陽助防骨質流失

　　「曬太陽」吸收維生素D是預防骨質疏鬆的主要方法。皮膚每日接觸陽光15分鐘，便可製造足夠維生素D，日常食物中的維生素D含量極低，建議「曬太陽」不足人士應進食維生素D補充劑，以達到每日兩百至四百國際單位的攝取量，而骨質疏鬆症患者亦應攝取達每日四百至八百國際單位維生素D，以減緩骨質流失。

# 二、關節炎

關節炎是一種不明病因的以慢性進行對稱性多關節炎症為主的全身性自身免疫性疾病。主要破壞關節內滑膜、軟骨及軟骨下骨。關節炎是最常見的慢性疾病之一，素有「頭號致殘疾病」之稱。關節炎有多種類型，其中最常

見的是骨關節炎和類風濕性關節炎兩種。

骨關節炎可影響某個關節的所有部分，引起肌肉疼痛、炎症或行動不便。類風濕性關節炎則可侵襲關節膜、軟骨組織和骨骼，其主要炎症是發炎，包括關節充血、發熱和疼痛等。與骨關節炎不同的是，該病會影響全身健康，出現喪失胃口、全身不適等症狀。婦女罹患類風濕性關節炎的機率是男人的三倍，35～50歲是該病的好發年齡層。

中國關節炎患者已超過一億，並且有年輕化的趨勢。關節病變是導致長期疼痛和功能障礙最常見的原因之一，有關專家提醒，盡早保護好我們的關節，做到關節炎早預防、早診斷、早治療，可別讓小小「關節」影響了我們的

生活。

## 關節炎有哪些症狀？

**1.關節疼痛。**在疾病早期，疼痛往往並不嚴重，患病關節往往僅表現爲痠適或輕度疼痛，遇天氣變化或勞累後，症狀會加重，休息後則減輕，此時期關節活動通常不受限制，易被患者忽視而延誤就診。隨著病情的發展，疼痛變得更爲明顯，不同類型的關節炎可表現出不同的疼痛特點。

**2.關節腫脹。**腫脹是關節炎症進展的結果，通常與疾病的正比。

**3.關節功能障礙。**炎症發生後，由於關節周圍肌肉的保護性痙攣和關節結構被破壞，會導致關節功能部分或全部喪失。

## 關節炎常需哪些檢查？

### 一、骨關節炎

骨關節炎通常根據患者的主訴及醫生的體檢就可做出診斷，但有時仍然需要一些相關的輔助檢查。

(1)對於伴有發熱及多關節疼痛的患者應做血常規、血沉及 C 反應蛋白檢查，以排除風濕、類風濕性關節炎和感

染性關節炎，骨關節炎患者的血常規檢查無異常改變，但伴有急性滑膜炎的患者會表現出輕度的異常。

(2)影像學檢查

①X光片。②CT。③磁共振檢查。

(3)關節滑液檢查，從關節滑液可發現關節積血、微生物和尿酸鹽結晶，對創傷性關節炎、感染性關節炎和痛風性關節炎具有確診價值，特別是對一些單關節炎難以診斷時，有時需要進行關節腔穿刺抽取滑液檢查。

(4)關節鏡與滑膜活檢，關節鏡可之檢視病變，並可切取滑膜組織用以病理檢查，還可在關節鏡下做一些治療如游離體摘除和滑膜切除等，但是，對大多數骨關節炎患者並不需要此項檢查。

## 二、類風濕性關節炎

**1.滑液檢查** 當類風濕關節發炎時，關節腔內的滑液看起來為草黃色，比較混濁，粘度下降，而其中白血球數量增加，以中性粒細胞為主，滑液量增多。

**2.血沉** 就是紅血球沉降的速率，可以作為觀察類風濕活動度的指標。

**3.類風濕因數** 類風濕因數是體內漿細胞合成的一種免疫球蛋白（Ig），其主要類型是IgM。當類風濕因數具有較高的滴度，而且是兩次以上的連續陽性時，類風濕因

數診斷類風濕病的特異性將大大增加，再結合臨床症狀，即可做出診斷。

**4.C反應蛋白**　正常人是陰性。它是一種炎症過程中的急性期蛋白，在類風濕的早期和活動期時，其陽性率較高，可達80～90％。C反應蛋白升高比血沉異常要早，但下降也快。它的臨床意義與血沉類似，均顯示有炎症存在。

**5.類風濕結節活檢**　類風濕結節共有三層，其中心中壞死層，為纖維素樣的壞死組織，周圍是上皮樣細胞，以及巨噬細胞，外層是肉芽組織，由豐富的血管、淋巴細胞以及免疫複合物等組成。如果病理切片見到這種典型的增殖性病變，將對類風濕的診斷有很大幫助。

**6.免疫複合物和補體**　在活動期的病人，血清中可出現各處類型的免疫複合物，尤其是類風濕因數陽性的病人。另外，在急性期和活動期，病人血清中補體常有升高。

## 類風濕性關節炎的治療方法

類風濕性關節炎至今尚無特效療法，仍停留於對炎症及後遺症的治療，採取綜合治療，多數患者均能得到一定的療效。現行治療的目的在於：①控制關節及其他組織的炎症，緩解症狀；②保持關節功能和防止畸形；③修復受損關節以減輕疼痛和恢復功能。

㈠**一般療法** 關節發熱腫痛者應臥床休息，至症狀消失為止。待病情改善兩週後應逐漸增加活動，以免過久的臥床導致關節廢用，甚至促進關節強直。飲食中蛋白質和各種維生素要充足，貧血顯著者可給予小量輸血，如有慢性病如扁桃體炎等在病人健康情況允許下，盡早切除。

㈡**藥物治療**。

㈢**理療** 目的在於用熱療以增加局部血液循環，使肌肉鬆弛，達到消炎、去腫和鎮痛作用，同時運用鍛鍊以保持和增進關節功能。理療方法有下列數種：熱水袋、熱浴、蠟浴、紅外線等。理療後同時配合按摩，以改進局部循環，鬆弛肌肉痙攣。

㈣**外科治療** 以往一直認為外科手術只適用於晚期畸形病例。目前對僅有1～2個關節受損較重、經水楊酸鹽類治療無效者可試用早期滑膜切除術。後期病變靜止，關節有明顯畸形病例可進行截骨矯正術，關節強直或破壞可做關節成形術、人工關節置換術。負重關節可做關節融合術等。

## 運動治療關節炎妙方

### 1.膝關節操練法

採坐姿，漸漸把小腿抬起離地伸直，維持片刻，再徐徐屈膝到最大限度，維持片刻，然後伸膝，如此反覆操練。

### 2.抗阻操練法

在踝部裹上數斤沙袋，增加操練的強度，再按上法進行操練。

### 3.腰部關節操練法

採臥姿，屈膝後把大腿抬起，盡力把髖關節屈足，維持片刻再放下，反覆操練；然後，頭、頸、胸抬起離床面，維持片刻，再躺平，反覆操練。

透過操練增強肌力，改善關節的穩定性，保持關節的活動度。同時，對患病關節配合撫摩、揉捏、摩擦、捶擊等自我按摩，以促進血液循環，達到止痛、消腫作用。但操練時應適可而止，不能造成疲勞，以防止關節承受不恰當的壓力而損傷。

## 治療關節炎的藥膳

風濕性關節炎病人在配製藥膳時，應遵循中醫辨證論治的基本原則，採用虛者補之，實者瀉之，寒者熱之，熱者寒之等法則。配膳時要根據「症」的陰陽、虛實、寒熱，分別給予不同的藥膳配方。一般而言，風（行）痹患者宜用蔥、薑等辛濕發散之品；寒（痛）痹患者宜用胡椒、乾薑等濕熱之品，而要忌食生冷；濕（著）痹患者宜用茯苓、薏米等健脾祛濕之品；熱痹患者通常有濕熱之邪交織的病機，藥膳宜採用黃豆芽、綠豆芽、絲瓜、冬瓜等食物，不宜吃羊肉及辛辣刺激性食物。

### 以下是幾種常用的藥膳：

(1)**麻子煮粥**：適用於老年風濕性關節炎患者。冬麻子250克，搗碎後，用水過濾取汁，加入粳米100克，煮成稀粥，下蔥、椒、鹽及豆豉。患者空腹食用。

(2)**薏苡仁粥**：可用於風濕性關節炎出現肢體重著、關節屈伸不利的患者。取薏苡仁100克，薄荷、蔥白各適量，豆豉50克，先加水三大杯、薄荷等先煮，取汁二杯，再加入薏苡仁，煮成粥。空腹食用。

(3)**川烏粥**：用於風濕性關節炎患者關節肢體疼痛較甚者。川烏去皮並搗成末。用香熟米作粥半碗，川烏20克，同米用慢火熬熟，稀薄，不要稠，加薑汁一匙，蜂蜜三大匙，拌勻。空腹食之，以溫爲佳。

(4)**補虛正氣粥：**主要適用於體質虛弱、肢節酸痛、脾胃功能失調者。先將炙黃耆（30～60 克）、人參（3～5 克）或黨參（5～30 克）切成薄片，用冷水浸泡半小時，入砂鍋煎沸，然後改用小火煎成濃汁，取汁後，再加冷水，如上法煎再取汁，去渣，將第一次、第二次所取的藥汁合併，分兩份於每日早晚和粳米（60～90 克）加水適量煮粥，粥成以後，加入白糖少許，稍煮即可。人參也可做成參粉，加入黃耆粥中煮，然後服食。

(5)**烏魚枸湯：**取烏魚1條，約500克左右，枸杞子30克，雞血藤10克，1000毫升水，武火煎沸，文火煨1小時，早晚各服一次，一次100毫升，主要適用於患者體虛關節活動不利者。

(6)**烏骨母雞羹方：**用於風濕性關節炎病人關節筋骨疼痛、不能踏地者。烏骨母雞1隻煮熟後，將雞肉搗碎，以豆豉、薑汁、椒、蔥、醬調勻作羹。空腹食之。

(7)**果汁飲：**適用於脾虛濕勝、肝腎陰虛、熱蒸汗出的患者。可常服用梨子、蘋果、橘子等果汁。

風濕性關節炎患者食用藥膳時，應少量多餐，切勿一次食用過多，以免導致消化不良。

# 關節炎茶療四法

　　飲茶，是中華民族的優良傳統。飲茶不僅可以清心明目，安神，調護脾胃，而且有助於食物的消化。具體來說，風濕性關節炎患者多飲茶，能加速體內物質的新陳代謝，促進食物的消化。尤其是在茶中少量加一些祛風除濕的藥物，對疾病的恢復是大有好處的。

## 具體的飲茶方法有以下幾種：

　　⑴**川芎茶**：川芎3克，茶葉6克，共研細末，和勻，開水沖泡，代茶頻飲。每日1次，常服。

　　⑵**金銀菊花茶**：茶葉5克研末，金銀花5克，菊花6克，開水沖泡，每日多次飲用。適用於患者關節疼痛、發熱、發紅者。

　　⑶**玄參麥冬茶**：玄參8克，麥冬8克，與茶葉少許和勻，開水泡10分鐘後飲用。適用於老年風濕性關節炎患者口乾、心煩者。

　　⑷**耆參茶**：黃耆5克，西洋參5克，切成薄片，與茶葉混勻後，開水沖泡10分鐘，即可飲用。1天1劑，可飲6～8次。適用於風濕性關節炎老年患者由於氣陰兩虛而夜寐不安、多汗者。

# 三、腕管綜合症

所謂「腕管綜合症」，是指人體的正中神經在進入手掌部的經絡中受到壓迫所產生的症狀，主要會導致食指和中指疼痛、麻木和拇指肌肉無力感。

　　腕管綜合症是一種很常見的文明病，主要和以手部動作為主的職業有關。得了這種病會出現手部逐漸麻木、灼痛、腕關節腫脹、手動作不靈活、無力等症狀，到了晚上，疼痛會加劇，甚至讓患者從夢中痛醒。

　　鍵盤、特別是滑鼠是我們最常見的「腕管殺手」。隨著辦公室現代化和網際網路的大行其道，現代人使用電腦的時間越來越多，尤其是三十歲左右的年輕人，幾乎離不開電腦。另外隨著開車族的日漸增多，方向盤也成為一大「腕管殺手」。其他頻繁使用雙手的職業，如音樂家、教師、編輯記者、建築設計師、裝配工等，都有可能遭遇腕管綜合症的「毒手」。

　　「腕管綜合症」屬於「累積性創傷失調」病症，病情較輕者可採用藥物或使用腕背屈位夾板治療，病情較重者

可施行腕管切開術。

## 腕管綜合症有什麼危害？

　　長期使用鍵盤打字會提高罹患「腕管綜合症」的機率，可能導致神經受損、手部肌肉萎縮。病情嚴重者，則需要施行腕管切開術進行治療。如果對它長期置之不理，可能會導致神經受損，手掌發黑、肌肉壞死。

## 腕管綜合症有什麼治療方法？

　　一般所採用的治療方式，不外乎口服活血化淤類或止痛類藥物、針灸、推拿等；還有一些輔助治療如熱療，即透過水療、蠟療、超音波或熱敷等之後，再給予電療止痛，比較有經驗的物理治療師還會指導病患做居家運動，但所得到的效果仍然有限。

　　利用鐳射針灸刀對「腕隧道」（腕管）內粘連的纖維組織進行鬆解，進而改善正中神經的受壓情況，減輕屈指肌群及屈拇長肌肌腱的束縛，進而減輕甚至消除疼痛症狀。

## 如何預防腕管綜合症？

　　使用電腦時，保持良好的操作姿態是避免腕管綜合症的最佳方法。

　　1.鍵盤應放置在身體正前方中央位置，以持平高度靠近鍵盤或使用滑鼠，可以預防腕管受到傷害。

2.手腕盡可能採平放姿勢操作鍵盤，既不彎曲又不下垂。

3.肘部工作角度應大於90度，以避免肘內正中神經受壓。

4.前臂和肘部應盡量貼近身體，並盡可能放鬆，以免使用滑鼠時身向前傾。

5.確保使用滑鼠時手腕伸直，坐姿挺直最好使用優質背墊，雙腳應平放地面或腳墊上。

6.顯示螢幕放置在身體前面的高度以不使頭部上下移動為宜，當坐正之後，雙眼應與螢幕處於平行直線上，確保顯示螢幕的亮度適中。

7.工作期間經常伸展和鬆弛操作手，可緩慢彎曲手腕，每小時反覆做10秒鐘；也可每小時持續做10秒鐘的握拳活動。

# 第七章
# 怎樣大修泌尿生殖系統

免疫力的下降是引起慢性腎炎、尿毒症低齡化發展的主要原因。眾所周知，很多年輕人面對高強度的工作，長時間加班、飲食不規律，身心長期得不到休息與放鬆，造成免疫力低下。如遇到外界抗原的刺激，就容易出現腎功能問題。

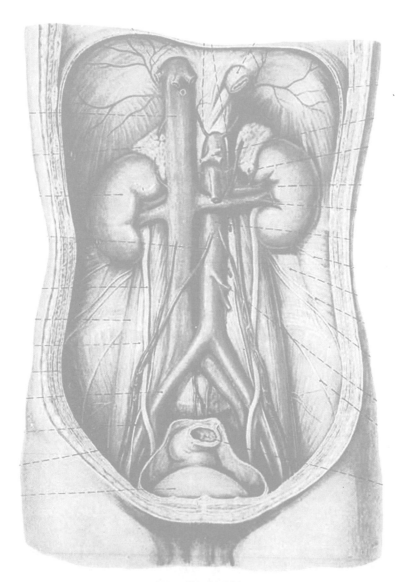

泌尿生殖系統

　　泌尿系統由腎、輸尿管、膀胱和尿道組成。其主要功
能是排出機體新陳代謝中產生的廢物和多餘的水，保持機

體內環境的平衡和穩定。腎生成尿液，輸尿管將尿液輸送至膀胱，膀胱爲儲存尿液的器官，尿道將尿液排出體外。

生殖系統由生殖器官組成，生殖器官按解剖位置可分爲外生殖器和內生殖器，按功能可分爲主要性器官（主要生殖器官）和附屬性器官（附屬生殖器官）兩部分。主要性器官又稱性腺，女性爲卵巢，男性爲睾丸。女性附屬性器官包括子宮、輸卵管、陰道、外陰部等。男性附屬性器官包括附睾、輸精管、精囊腺、射精管、前列腺、陰莖等。

兩性除了生殖器官不同外，在性成熟期出現的副性特徵方面也有很大差異。男性具有鬍鬚、喉頭突出、聲調低沉、體格高大、肌肉發達等特徵。女性具有發達的乳腺、寬大的骨盆、聲調高尖、皮下脂肪較多等特徵。

生殖系統是產生生殖細胞，繁殖後代，分泌性激素維持副性徵的器官。

泌尿生殖系統的主要疾病有：膀胱炎、腎炎、陰道炎、子宮頸炎、乳腺增生、不孕、前列腺炎、陽痿早洩等。

# 一、膀胱炎

膀胱炎是泌尿系統最常見疾病之一，幾乎全屬繼發性感染。女性多合併尿道炎，男性常合併前列腺炎。正常膀胱粘膜具有抗感染能力，且因尿液經常排空，故不易發炎；但是有尿道梗阻（如前列腺肥大、尿道狹窄）或膀胱本身病變（如結石、異物、癌腫及留置導尿管）時，則易感染。致病菌以大腸桿菌和變形桿菌最為常見，鏈球菌、葡萄球菌次之，常由尿道上升（如前列腺精囊炎、陰道炎）或自腎（如腎盂腎炎）下行到膀胱，鄰近的炎症（如盆腔炎）也可經淋巴或直接延及。

膀胱炎是年輕女性的好發症，尤其是結婚不久的女性，一定要積極的預防膀胱炎的發生。

## 膀胱炎有哪些症狀？

急性膀胱炎會突然發生或緩慢發生，排尿時尿道有燒灼痛、尿頻，往往伴尿急，嚴重時類似尿失禁，尿頻、尿急常特別明顯，每小時可達5～6次以上，每次尿量不多，甚至只有幾滴，排尿終了會有下腹部疼痛。尿液混濁，有

腐敗臭味，有膿細胞，有時出現血尿，常在終了期較明顯。恥骨上膀胱區有輕度壓痛。部分患者可見輕度腰痛。炎症病變侷限於膀胱粘膜時，常無發燒及血中白血球增多，部分病人有疲乏感。急性膀胱炎病程較短，如及時治療，症狀多在1週左右消失。

慢性膀胱炎膀胱刺激症狀長期存在，且反覆發作，但不如急性期嚴重，尿中有少量或中量膿細胞、紅血球。這些病人多有急性膀胱炎病史，且伴有結石、畸形或其他梗阻因素存在，故非單純性膀胱炎，應做進一步檢查，明確原因，系統治療。

## 膀胱炎應做什麼檢查？

一般尿檢查出現紅、白血球，尿細菌培養陽性，可行膀胱鏡及病理學檢查及膀胱造影。

**1.急性膀胱炎**：症狀多較典型，一般診斷並不困難。根據尿頻、尿急和尿痛的病史，尿液一般檢查可見紅血球、膿細胞，尿細菌培養每毫升尿細菌計數超過10萬即可明確診斷。

**2.慢性膀胱炎**：多繼發於泌尿生殖系統的其他疾病，因此，診斷方面除了全身一般檢查外，最重要的是查明致病菌的種類及藥物敏感試驗的結果，尋找引起感染持續或復發的原因。

# 膀胱炎的治療方法

對於非特異性膀胱炎的治療，單純依賴抗菌藥物控制感染，往往達不到預期效果。如果對膀胱炎的病人不僅明確感染的存在，同時能找出引起感染的原因並及時給予必要的處理，以及提高病人的機體抵抗力，方可更有效地控制感染，防止反覆發作。

### ㈠一般治療

急性膀胱炎患者需適當休息，多飲水以增加尿量，注意營養，忌食刺激性食物，熱水坐浴可減輕症狀。膀胱刺激症狀明顯的病人給予解痙藥物緩解症狀。

### ㈡抗感染藥物治療

根據尿細菌培養、藥物敏感試驗結果選用有效的抗菌藥物。治療用藥劑量要足、時間要長，通常要應用至症狀消退、尿常規正常後再繼續使用1至2週。治療過程中要經常進行尿細菌培養及藥物敏感試驗，隨時調整對細菌敏感的抗菌藥物，以期早日達到徹底治癒，以防復發。

### ㈢病因治療

對有明顯誘因的慢性膀胱炎，必須解除病因，否則，膀胱炎難以控制。

# 如何預防膀胱炎？

膀胱炎的預防比治療更重要，因此，要避免膀胱炎的發生，一定要注意預防。

1.清潔是最不能忽略的。每天在上床以前都要先洗澡，並且更換內褲，這是因為在每次排泄後，皮膚及內褲都會被大腸菌所污染。

2.不要用有香味的沐浴乳，因為這樣會使膀胱的內膜受到不必要的化學物刺激。

3.男女雙方性交前後都要徹底清洗乾淨。

4.性交前及性交後立刻將膀胱的尿液排清。

5.擁有多名性伴侶或剛更換性伴侶的人，患病率會較高，因此要加倍留意。

6.一般來說，女性不一會兒就想排尿是十分正常的，其實只要水分攝取增加，尿量必然增多，但是不要長時間地忍尿，在感到尿急時，就應及時將尿液排出，不要等太久的時間。而每次排尿的時候都要記得留意將尿液徹底排出。

7.多喝水，最好每天兩公升。

8.不要穿緊身的衣物、牛仔褲、丁字褲等等的衣物。

9.小心地使用避孕的方法，用子宮帽的女士會有較大的機會罹患膀胱炎。

10.小心選用衛生紙，盡量不要用漂色的衛生紙。記得擦拭的動作是由前到後的。

## 膀胱炎患者的粥譜

如果膀胱炎會經常反覆發作，除了注意個人衛生之外，還可以試試調養粥譜。

### ▲玉米粥

原　　料：玉米粉 50 克，鹽少許。

製作方法：玉米粉加適量水煮成粥後，加鹽少許即可。空腹食用。

### ▲大麥粥

原　　料：大麥 50 克，紅糖適量。

製作方法：研碎大麥，用水煮成粥後，放入適量紅糖拌勻食用。

### ▲竹葉粥

原　　料：新鮮竹葉 30～45 克，石膏 15～30 克，粳米 50～100 克，砂糖少許。

製作方法：竹葉與石膏加水煎煮，取

汁與粳米、砂糖少許共煮，先以武火煮開，再用文火熬成稀粥即可食用。

### ▲青豆粥

原　　料：青豆（未成熟的黃豆）50克，小麥50克，通草5克，白糖少許。

製作方法：先以水煮通草去渣取汁，用汁煮青豆、小麥成粥，加白糖少許，拌勻即可食用。

### ▲車前子粥

原　　料：車前子10～15克，粳米50克。

製作方法：車前子布包入砂鍋內，煎取汁，去車前子，加入粳米，兌水，煮為稀粥。

## 健康小叮嚀

### 膀胱炎的自助療法

在服用藥物的同時，可以試試這些自助療法，它會讓你感覺舒服一些。

短時間內盡量喝掉500毫升的液體、湯或飲料都可以，以後每20分鐘再喝300毫升水。躺到床上，雙腳架高休息。每小時喝一杯濃咖啡。每次排尿之後，都沖洗並且輕輕地擦乾生殖器區。每次排尿時，盡量將膀胱內的尿全部排出。

# 二、腎炎

　　腎炎是兩側腎臟非化膿性的炎性病變。腎因腎小體受到損害出現浮腫、高血壓、蛋白尿等現象，是腎臟疾病中最常見的一種。腎炎種類很多，有急性（腎小球）腎炎、慢性（腎小球）腎炎、腎盂腎炎、隱匿性腎炎、過敏性紫癜腎炎（紫癜性腎炎）、紅斑狼瘡腎炎（狼瘡性腎炎）。

　　說到腎病，許多人也許不以為然，殊不知一旦演變成腎功能衰竭——尿毒症，它對人類的危害程度就不亞於某些癌症。

　　令人憂慮的是，近年來臨床中見到的慢性腎炎病人也越來越年輕。腎炎病人中年輕人已經占了20%～30%，主要為原發性的腎病，其中以罹患腎小球腎病的病例最多，即通常所說的「慢性腎炎」，是一種免疫性疾病。而根據從前的臨床統計，慢性腎炎主要好發於中老年人。

　　免疫力的下降是引起慢性腎炎、尿毒症低齡化發展的主要原因。眾所周知，很多年輕人面對高強度的工作，長時間加班、飲食不規律，身心長期得不到休息與放鬆，造成免疫力低下。如遇到外界抗原的刺激，就容易出現腎功能問題。

# 腎炎有哪些症狀？

人們通常所說的腎炎實際上分為四類，即原發性急性腎小球腎炎、原發性急進性腎小球腎炎、原發性慢性腎小球腎炎和原發性隱匿性腎小球腎炎，臨床上統稱為腎炎。各類腎炎的早期症狀有：

**一、浮腫**：腎炎的水腫常常先出現在眼瞼、臉部、陰囊等比較疏鬆的地方，以後才會出現下肢水腫，嚴重時亦會全身水腫，少數人也可有腹水。

**二、少尿**：急性腎炎的少尿會與浮腫同時出現，而且尿色深，每日尿量可少於400毫升，個別患者甚至無尿。另有約1／3的患者會出現血尿，肉眼可發現尿色呈濃茶色，通常可持續數日甚至數週。急進性腎炎也有少尿特徵，同時伴有噁心、乏力和食欲不振等早發症狀。

**三、尿中泡沫**：增多常常是有蛋白的現象，一般來說，泡沫越多，蛋白越多。

**四、高血壓**：腎炎的病人可伴有或不伴有高血壓，但如果發展到尿毒症，則常伴有高血壓，且很難控制，一般來說，有高血壓的腎炎病人癒後常常比沒有高血壓的病人差。總之，一旦您發現以上症狀，請您及時到醫院的泌尿科就診，以免延誤治療。

**五、有鏈球菌感染史**：如流感、急性咽喉炎、扁桃腺

炎、鼻竇炎、齒齦膿腫、猩紅熱、水痘、麻疹、皮膚膿瘡等疾病治癒後1～3周進行尿常規追蹤檢查，能早期發現腎炎的蛛絲馬跡。總之，一旦您發現以上症狀，請您及時到醫院的泌尿科就診，以免延誤治療。

## 腎炎應該做哪些檢查？

**一、尿常規** ①蛋白尿為本病的特點，尿蛋白含量不一，一般1～3g/24h，（尿蛋白定性＋——+++），數週後尿蛋白逐漸減少，維持在少量～＋，多在一年轉陰或極微量。②鏡下血尿紅血球形態多皺縮，邊緣不整或呈多形性，此由於腎小球毛細血管壁受損，紅血球透過腎小球毛細血管基膜裂隙時發生變形，也與腎小管內的高滲環境有關。紅血球管型存在更有助於急性腎炎的診斷。此外，可見顆粒管型、秀明管型及白血球，數量較少，無膿細胞。③尿比重高，多在1.020以上，主要是球一管功能失衡的緣故。

**二、血常規** 血紅蛋白會有短暫輕度下降，與血液稀釋有關，在無感染灶情況下白血球數量及分類正常。

**三、腎功能** 大多數患者腎功能無異常，但會有一過性腎小球濾過功能降低，出現短暫氮質血症。常隨尿量增多逐漸恢復正常。個別病例因病情嚴重，會出現腎功能衰竭而危及生命。

**四、血電解質** 電解質紊亂少見，在少尿時，二氧化

碳結合力會輕度降低，血鉀濃度輕度增加及稀釋性低血鈉，此現象隨利尿開始迅速恢復正常。

**五、血清補體濃度**　80～95％患者在發病後2週內會有血清總補體及C3降低，4週後開始復升，6～8週恢復到正常水準。

**六、抗鏈球菌溶血素「〇」增高**　告之有鏈球菌感染史，在鏈球菌感染後1～3周開始增加，3～5周達峰值，繼而逐漸降低，約50％患者在半年內恢復正常，鏈球菌感染後急性腎炎70～90％抗鏈球菌溶血素「O」效價升高。

**七、尿纖維蛋白降解產物（Fibrin degradation products，FDP）**　尿中FDP測定反映腎小血管內凝血及纖溶作用。正常尿內FDP＜2mg/L（2ug/ml），腎炎時尿FDP值增高。

**八、其他**　會有抗去氧核糖核酸抗體，透明質酸酶抗體及血清免疫複合物陽性，血沉增速。

## 腎炎的治療方法有哪些？

本病治療旨在改善腎功能，預防和控制併發症，促進機體自然恢復。

### 1.臥床休息

急性腎炎臥床休息十分重要。臥床能增加腎血流量，可改善尿異常改變。預防和減輕併發症，防止再感染。當水腫消退，血壓下降，

尿異常減輕，可做適量散步，逐漸增加輕度活動，防止驟然增加活動量。

### 2.飲食和水分

水分的攝入量以尿量、浮腫、高血壓程度及有無心力衰竭綜合來衡量，在急性期以限制水分為宜，但不宜過分，以防止血容量驟然不足。鹽的攝入量在有明顯水腫和高血壓時，以限制在2g/d左右為宜。蛋白質的攝入，血尿素氮低於14.28mmol/L（40mg/dl），蛋白可不限制：14.28～21.42mmol/L（40～60mg/dl）可限制到每日每公斤體重1.0g；21.42mmol/L（60mg/dl）以上，則每日每公斤體重0.5g，蛋白質以高品質蛋白為佳，如蛋類、乳類、瘦肉等。

### 3.抗感染治療

腎炎急性期在有感染灶的情況下要給予足夠抗感染治療，無感染灶時，通常以不用為妥。使用抗菌素來預防本病的再發往往無效。

### 4.水腫的治療

輕度水腫無需治療，經限鹽和休息即可消失。明顯水腫者，可用速尿、雙氫克尿塞、安體舒通或氨苯喋啶聯合應用，通常間斷應用比持續應用要好。

### 5.高血壓及心力衰竭的治療

高血壓的治療（參見高血壓病一節）。血壓明顯升高者，不宜使血壓驟降，甚至降到正常，以防止腎血流量突然減少，影響或加重腎功能不全。心力衰竭治療（參見心力衰竭一節），因急性腎炎早期存在高血容量問題，應用洋地黃效果不一定理想，治療重點宜在清除水、鈉瀦溜，減低血容量。

### 6.抗凝療法

根據發病機理，腎小球內凝血是個重要病理改變，主要為纖維素沉積及血小板聚集。因此，在治療時，可採用抗凝療法，將有助於腎炎緩解。

### 7.抗氧化劑應用

可應用超氧歧化酶（SOD）、含硒谷胱甘肽過氧化酶及維生素E。

### 8.中醫治療

慢性腎炎主要症狀為長期水腫，血壓較高，合併貧血，尿中有蛋白、管型等。中醫辨證論治主要分以下幾型：

⑴**水濕浸漬型**：水腫明顯，臉色蒼白，神倦，怕冷，腰痠伴胸悶、腹脹，小便不利，脈沉弦，苔薄舌胖等。有大量蛋白尿，血漿蛋白低。膽固醇升高，

符合慢性腎炎腎病型。治療應宣肺健脾行水。採用下列藥物：麻黃 9 克，桑白皮 30 克，白術 15 克，防風 15 克，防己 15 克，陳皮 12 克，雲苓皮 30 克，大腹皮 15 克，水煎服。

⑵**脾腎虧虛型**：水腫較輕，尿量不少，神疲乏力，頭暈耳鳴，腰痠腰痛，進食減少，腹瀉，舌淡苔薄，脈沉細，有大量蛋白尿，血漿蛋白低下。治療應溫腎利水，益氣健脾。可採用下方：紫蘇 30 克，黃耆 30 克，蒼白術各 9 克，防已 15 克，雲苓皮 30 克，陳皮 12 克，赤小豆 30 克，熟附子 9 克，紫皮大蒜 5 枚，水煎服。

⑶**上盛下虛型**：頭暈頭痛，耳鳴目眩，水腫不著。腰痠，苔薄黃或薄白，脈細弦或弦數，血壓高持續為 24.0～21.3／14.7～12.0千帕。尿蛋白不多，有少量紅血球，符合慢性腎炎高血壓型。治療應滋陰潛陽。採用下方：黃精30克，玄參15克，桑椹子30克，川芎9克，黃芩15克，炙龜板15克，知母12克，黃柏12克，青木香12克，杜仲15克，桑寄生30克，假龍骨牡蠣各30克，水煎服。

## 腎炎患者的食療方

腎炎是一種腎臟疾病，不僅危害人的身體健康，而且容易帶來家庭的不幸，以下介紹兩類腎炎食療方，供腎炎患者在治療期間配合食用。

**茶類**

(1)白茅根（新鮮者佳）60克，金銀花30克，開水沖泡，當茶頻服。白茅根清熱利濕；金銀花清熱解毒，通經活絡。二藥合用能消炎利尿，對急性腎炎與尿路感染有良好療效。

　(2)西瓜皮500克，切碎，加白糖250克，拌勻密封，3日後取出，每次食50克，一日3～4次，開水沖泡當茶亦可。西瓜皮又稱西瓜翠衣，有清熱利水而不傷陰的功能，且含有豐富的醣類、維生素B等，其甜味雖然欠佳，但治療水腫有其獨特效果。

　(3)玉米鬚60克，燈芯草15～30克。開水沖泡，當茶頻飲。此方適合於慢性腎炎。玉米鬚性味甘平，微溫，有利尿、止血、利膽、降壓等作用。可治療腎炎水腫、高血壓、糖尿病、膽囊炎、急性肝炎等病，尤其是治腎炎水腫效果顯著。燈芯草能清心火，利小便，增強玉米鬚的消腫作用。

　(4)蠶繭子10個，冬瓜皮60克，開水沖泡當茶頻服。蠶繭含有豐富的蛋白質，是補腎壯陽之佳品；冬瓜皮清熱利水，善消腎炎水腫。蠶繭得冬瓜皮則補而不燥，冬瓜皮配蠶繭則利水而不傷氣，相得益彰。

### 湯類

　(1)鯉魚1條（250克重），冬瓜皮100克，煎湯頻飲，可少量加秋石，不能用鹽。鯉魚滋補脾胃又能利尿，每一

百克含蛋白質15克，脂肪1.2克，還有鈣、磷、鐵等多種營養成分，搭配冬瓜皮利水作用更強，具有補養與利尿之功。

⑵新鮮芥菜60克，雞蛋1個。將芥菜切碎煮半熟後放入雞蛋，做成芥菜蛋湯頓服。此湯可補腎利水，消除腎炎引起的水腫。一日2次。

⑶白眉豆、生花生仁各50克，獨頭蒜（去皮）30克。共煮熟3次服，一日量。白眉豆、花生健脾滲濕；獨頭蒜解毒作用很強，它含有的蒜素及大蒜辣素和其他多種化合物，對痢疾桿菌、葡萄球菌及白喉桿菌、結核桿菌、傷寒桿菌等均有抑制或殺滅作用。

# 三、陰道炎

陰道炎是陰道粘膜及粘膜下結締組織的炎症，是婦科門診常見的疾病。正常健康婦女，由於解剖學及生物化學特點，陰道對病原體的侵入有自然防禦功能，

當陰道的自然防禦功能遭到破壞，則病原體易於侵入，導致陰道炎症，幼女及絕經後婦女由於雌激素缺乏，陰道上皮菲薄，細胞內糖原含量減少，陰道 PH 值高達 7 左右，故陰道抵抗力低下，比青春期及育齡婦女易受感染。

陰道是女子的生殖器官，毗鄰尿道和肛門，若性生活時不注意衛生，可能導致病原體的侵入。

三十歲左右的年輕女性中最常見的陰道炎症有3種：滴蟲性陰道炎、念珠菌性陰道炎和細菌性陰道炎。

導致滴蟲性陰道炎的陰道滴蟲多由性交直接傳播，而且男方同樣會被感染。如果患者的伴侶沒有及時治療，即使女方十分注意個人衛生，仍然會引起症狀的反覆發作。

約有1/5的健康女性陰道中攜帶念珠菌但並不發病，但在某些特殊情況下，如懷孕、缺乏維生素B、罹患糖尿病，

以及與攜帶念珠菌的男性進行性接觸時，就會出現症狀。

細菌性陰道炎也十分常見，與女性忽略性伴侶生殖器官的衛生有關。無論罹患哪種陰道炎，在治療期間都必須禁止性生活，以免性交摩擦使陰道充血，炎症加劇。治療結束後，應在下次月經乾淨後複查白帶，呈陰性後方可恢復性生活。

## 陰道炎的症狀有哪些？

**1.細菌性陰道炎。**症狀爲陰道分泌物增多，伴有魚腥味，常在經期及房事後加重。部分患者會出現陰道和陰道周圍瘙癢或灼熱感，陰道壁炎症不明顯，但均有灰白色分泌物。

**2.黴菌性陰道炎。**症狀爲白帶增多，分泌物呈豆腐渣狀、瘙癢，伴有惡臭、陰道黏膜充血、水腫等症狀。

**3.滴蟲性陰道炎。**該病由陰道滴蟲引起，有大量膿性分泌物、色黃且呈泡沫狀，並伴有惡臭、陰道黏膜充血、水腫等症狀。

**4.淋菌性（含非淋菌性）陰道炎。**該病多由淋球菌或衣原體、支原體感染引起，潛伏期一般爲2～10天，症狀爲尿急、尿頻、分泌物呈膿黃色，並伴有腥臭味等，主要透過性接觸傳播。

## 陰道炎有哪些危害？

陰道炎發病過程中伴有陰道黏膜損傷及自潔系統的破壞。陰道炎症治療不當易反覆發作，嚴重破壞女性免疫系統，引起輸卵管炎、子宮內膜炎、盆腔炎、附件炎、子宮頸炎、子宮頸糜爛等。

炎性細胞可吞噬精子，使精子活動力減弱，導致不孕，並會產生性交疼痛和性欲減退等。

## 罹患陰道炎要做哪些檢查？

**1.婦科檢查：**透過婦科檢查，初步篩選可能性疾病，並取分泌物標本做必要的檢查。

**2.陰道分泌物檢查：**檢查陰道清潔度，是否有黴菌、滴蟲、細菌（線索細胞、膿細胞）感染。

**3.陰道分泌物培養：**檢查是由哪種病原菌感染，為醫生提供準確的診斷依據。

**4.藥物敏感試驗：**檢測病原菌對哪種藥物敏感，可以針對性用藥，提高治療效果。

**5.美國真彩電子陰道鏡檢查：**可放大50倍準確、清晰的觀察陰道、子宮頸等部位的有關病變，並準確選擇可疑部位做活體檢查，對於子宮頸癌和癌前病變的早期發現、早期診斷有相當高的價值。

## 怎樣治療黴菌性陰道炎？

治療黴菌性陰道炎可以採用單純西藥治療法，也可以用中西醫結合治療。

(1)**一般治療**：積極治療可以引起黴菌性陰道炎的其他疾病，消除易感因素。保持外陰清潔乾燥，避免搔抓。治療期間禁止性生活。不宜食用辛辣等刺激性食品。

(2)**改變陰道酸鹼值**：念珠菌生長最適宜的PH值為5.5，因此採用鹼性溶液沖洗外陰、陰道，改變陰道的酸鹼值，對黴菌的生長和繁殖會有抑制作用。可使用2％～4％的小蘇打水沖洗陰道，每日1～2次，2週為1療程。沖洗後要拭乾外陰，保持外陰乾燥，以抑制念珠菌的生長。

(3)**陰道上藥**：使用咪唑類栓劑陰道上藥，對黴菌性陰道炎有很好的療效。

(4)**外用藥膏**：使用克黴唑軟膏或達克寧軟膏外塗，可以治療因黴菌感染引起的外陰炎，減輕外陰癢痛的症狀。

(5)**口服用藥**：由於黴菌感染可以透過性生活在夫妻間相互傳染，因此可以透過口服用藥對雙方進行治療，口服藥同樣可以抑制腸道念珠菌。

(6)**中草藥治療**：使用具有清熱解毒，殺蟲止癢作用的中藥煎水，熏洗外陰，既可以減輕症狀，又能抑制並消滅念珠菌。

處方⑴：白鮮皮 30 克、黃柏 30 克、苦參 30 克、蛇床子 30 克、冰片 3 克。

將藥材用白布包好，煎煮取汁2000毫升，趁熱薰蒸外陰，待藥液偏涼後坐浴20分鐘，每日1～2次。熏洗前將藥包取出晾乾，可再使用1次。7天爲1療程。泡洗後陰道塞入克黴唑栓或達克寧栓1粒，外陰塗抹上述藥膏。

處方⑵：丁香12克、藿香30克、黃連15克、大黃30克、龍膽草20克、枯礬15克、薄荷15克、冰片1克。

每天1劑，水煎外洗、浸泡外陰1～ 2次，每次30分鐘。亦可製成外洗液和外用霜使用。已婚婦女可配合每天用藥液沖洗陰道1次。連續用藥12天爲1個療程。

處方⑶：苦參30克、蛇床子30克、龍膽草20克、生百部15克、土槿皮15克、黃柏15克、地膚子15克，加水2000～3000毫升，煎30～40分鐘，去渣，熏洗、坐浴。每

晚1次，每次20～30分鐘。

　　**處方**(4)：苦參30克、蛇床子30克、黃連30克、黃柏30克、川椒10克、枯礬10克、冰片3克共研細末，消毒備用。用時先用3％蘇打水沖洗外陰及陰道，然後取藥散適量撒於陰道和外陰，每日1～2次。5次為1個療程。

　　應用上述方法治療後，患者的臨床症狀會很快得到改善，但這並不能肯定黴菌性陰道炎已經痊癒，患者應該持續完成治療療程，然後到醫院複查症狀，婦科檢查並化驗陰道分泌物，如果都無異常，說明近期治癒。以後每月月經乾淨後還要到醫院複查1次上述檢查內容，連續3個月，如果都為陰性，才是徹底治癒。

## 防治陰道炎的幾種常用方法

　　念珠菌性陰道炎俗稱「黴菌性陰道炎」，是成年女性最常感染的疾病之一。大約有3/4的婦女在其一生中至少有一次陰道念珠菌感染。如此高的發病率和反覆感染是困擾女性的重要問題，那麼如何有效預防和治療念珠菌感染性陰道炎呢？

　　**1.少穿緊身褲**：少穿緊身或貼身的褲子如牛仔褲等，夏日宜多穿裙子或鬆身褲，另外亦要避免穿著緊身尼龍內褲，應選擇棉質內褲，這是因為女性下體陰暗潮濕，過緊的褲子使下體不通爽，女性罹患陰道炎機會亦會增加。

　　**2.別用有香味的衛生紙**：為了減低刺激或敏感，還是

用無香味的衛生用品，避免使用添加香劑的衛生紙。另外，勿胡亂使用消毒藥水作清洗陰道之內，以免刺激幼嫩皮膚導致局部皮膚受損甚至發炎。

**3.擦拭下體由前至後：**注意下體清潔，內褲一定要經常清洗乾淨，如廁之後用衛生紙擦拭下體時，應由前至後，避免把肛門的細菌帶到陰道，導致發炎。

**4.每天晚上臨睡前，都要清洗外陰。**最好使用淋浴。當無法使用淋浴時，可在家中準備一個專門用來洗下身的臉盆。用清水洗即可。洗時要先洗陰阜部位，洗完後洗肛門，洗完肛門後的水不要再洗陰阜，避免此部位受到污染。再者，洗時不要清洗陰道，這樣會洗去大量陰道桿菌，水也會降低陰道的PH值，減弱陰道的自淨作用，更易罹患念珠菌陰道炎。

**5.小便後要擦拭，保持外陰清潔。**

**6.性生活前要洗淨雙手及外陰。**

**7.購買合格的衛生紙及護墊，並做到勤更換。**

## 滴蟲性陰道炎患者食療方法

罹患滴蟲陰道炎時，患者在應用藥物治療的同時，可選用適當的食療方作為輔助治療。

**處方(1)：**新鮮雞冠花500克，新鮮藕汁500毫升，白糖粉500克。

　　將新鮮雞冠花洗淨，加水適量，煎煮3次，每次20分鐘。合併3次煎液，再繼續以文火煎煮濃縮，加入新鮮藕汁，加熱至粘稠時，倒入白糖粉，停火，混勻曬乾，壓碎，裝瓶備用。每次10克以沸水沖化頓服，每日3次。

　　**處方**⑵：茯苓粉30克，車前子30克，粳米60克，白糖適量。

　　將車前子布包，入砂鍋，加水適量，煎汁去藥包，將藥汁和粳米、茯苓粉共煮粥，加白糖少許即可。每日1劑，連用5～7日為1療程。

## 黴菌性陰道炎的食療方

　　罹患急性黴菌性陰道炎時，患者宜選用具有清熱利濕作用的食療方。

　　**處方**⑴：扁蓄、川萆解、粳米、冰糖少許。先將扁蓄、川萆解以適量水煮取汁去渣，入粳米煮粥，食用時調入冰糖即成。本方具有利濕通淋，抑菌止癢之功。

　　**處方**⑵：椿白皮、白蘚皮、黃柏等藥材加水適量煎取。本方能清熱利濕。

慢性黴菌性陰道炎，患者外陰瘙痛症狀可能不明顯，平時白帶較多，色白，此時宜選用具有健脾祛濕作用的食療方。

**處方**(1)：白扁豆、白術、冰糖適量。白術用袋裝與扁豆煎湯後去袋，入冰糖，喝湯吃豆。

**處方**(2)：扁豆花、淮山適量。取含苞未開的扁豆花曬乾，研末，用適量淮山每日早晚煮白米粥，粥成調入花末，煮沸即成。本方具有健脾利濕的功效。

## 健康小叮嚀

### 對陰道炎患者的溫馨提醒

1.治療期間保持外陰清潔，禁止性交。堅持淋浴，每日換內褲，使用蹲式廁所。

2.丈夫可同時進行針對性治療，如滴蟲性陰道炎者，丈夫口服滅滴靈200毫克，每日3次，共服7天。

3.陰部瘙癢時，勿用力抓癢，勿用熱水沖洗，以免燙傷。可用潔爾陰每晚清洗陰部。忌食辛辣厚味，以免化濕生熱。忌嗜煙、酒。

4.宜食清淡食品，新鮮水果、蔬菜等。常食小米粥、蕎麥粥、綠豆湯和薏米粥。

# 四、子宮頸炎

子宮頸是阻止病原微生物進入子宮、輸卵管以及卵巢的一道重要防線，因此它容易受到各種致病因素的侵襲，一旦患病，可能會導致嚴重後果，甚至把疾病傳染給性伴侶。

子宮頸炎症是婦科常見疾病之一，包括子宮頸陰道部炎症及子宮頸管粘膜炎症。因子宮頸陰道部鱗狀上皮與陰道鱗狀上皮相延續，陰道炎症均可引起子宮頸陰道部炎症。臨床常見的子宮頸炎是子宮頸管粘膜炎，由於子宮頸管粘膜上皮為單層柱狀上皮，抗感染能力較差，易發生感染，並且子宮頸管粘膜皺襞多，一旦感染，很難將病原體完全清除，久而久之導致慢性子宮頸炎症，慢性子宮頸炎多由急性子宮頸炎未治療或治療不徹底轉變而來。

90％以上生過孩子的女性得過子宮頸炎、子宮頸糜爛。子宮頸炎是育齡婦女的常見疾病，有急性和慢性兩種，臨床上以慢性子宮頸炎較常見。

## 子宮頸炎會帶來什麼危害？

**1.導致不孕**：陰道分泌物過多的患者，約20％～25％是由子宮頸炎所致，若因炎症造成的白帶粘稠膿性，會不利於精子透過子宮頸管，進而導致不孕。

**2.導致流產**：子宮頸炎也是流產的一個病因，因為子宮頸炎會使組織變化，彈性下降，使產程不順利，進而導致流產。

**3.影響性生活的品質**：嚴重的子宮頸炎會影響性生活的品質，會讓女性在性生活過程中感到疼痛和不舒服，進而排斥性生活。

**4.誘發子宮頸癌**：據統計，有子宮頸炎的婦女，其子宮頸癌發病率比沒有子宮頸炎的婦女高10倍。長期不治、或久治不癒的子宮頸炎被認為是子宮頸癌發病的一個因素。

## 子宮頸炎有什麼樣的症狀？

主要症狀是白帶增多。急性子宮頸炎可見子宮頸充血水腫或糜爛，有膿性分泌物自子宮頸管排出，觸動子宮頸時會有疼痛感。白帶呈膿性，伴有下腹及腰骶部墜痛，或有尿頻、尿急、尿痛等膀胱刺激症。慢性子宮頸炎可見子宮頸有不同程度的糜爛、肥大、息肉、腺體囊腫、外翻等症狀，或見子宮頸口有膿性分泌物，觸診子宮頸較硬。如

為子宮頸糜爛或息肉，會有接觸性出血。白帶呈乳白色粘液狀，或淡黃色膿性；重度子宮頸糜爛或有子宮頸息肉時，會呈現血性白帶或性交後出血。輕者會無全身症狀，當炎症沿子宮骶骨韌帶擴散到盆腔時，會有腰骶部疼痛，下腹部墜脹感及痛經等，每於排便、性交時症狀加重。

## 子宮頸炎應如何治療？

### 1.西醫藥治療

⑴**物理療法**：包括電熨、冷凍、鐳射、紅外線等，適用於糜爛面大，炎症漫潤較深者，一般治療一次即可治癒。

⑵**藥物治療**：急性子宮頸炎可口服廣譜抗生素，如頭孢類抗生素加滅滴靈治療。

⑶**手術治療**：子宮頸息肉者可行子宮頸息肉摘除術，子宮頸腺體囊腫可穿刺放液；子宮頸陳舊裂傷及粘膜外翻，可進行子宮頸修補術。

### 2.中醫藥治療

⑴**濕熱下注**：帶下量多，色黃或夾血絲，質稠如膿，臭穢，陰中灼痛腫脹，小便短黃，舌質紅、苔黃膩，脈滑數。

**治法**：清熱利濕止帶。

**方藥：**豬苓、土茯苓、赤芍、丹皮、敗醬草各15克，梔子、擇瀉、車前子（包）、川牛膝各10克，生甘草6克。

**中成藥：**抗宮炎片。

(2)**脾腎兩虛：**帶下量多，色白質稀，有腥味，腰膝酸軟，納呆便搪，小腹墜痛，尿頻，舌質淡、苔白滑，脈沉緩。

**治法：**健脾溫腎，化濕止帶。

**方藥：**黨參、白術、茯苓、薏苡仁、骨脂、烏賊骨各15克，巴戟天、芡實各10克，炙甘草6克。

**中成藥：**溫經白帶丸。

### 3.外治法：

(1)**子宮頸敷藥法**

★蒲公英、地丁、蚤休、黃柏各**15克，**黃連、黃芩、生甘草各**l0克，**冰片**0.4克，**兒茶**1克。**研成細末，敷於子宮頸患處，隔日1次。適用於急性子宮頸炎。

★**雙料喉風散：**先擦拭子宮頸表面分泌物，再將藥粉噴抹於患處，每週2次，10次為一療程。適用於急性子宮頸炎及子宮頸糜爛。

★**養陰生肌散：**清潔子宮頸，將藥粉噴抹於患處，每週2次，10次為一療程，適用於子宮頸糜爛。

⑵**陰道灌洗法：**

　　野菊花、蒼術、苦參、艾葉、蛇床子各15克，百部、黃柏各10克。濃煎20ml，進行陰道灌洗，每日1次，10次為一療程。適用於急性子宮頸炎。

## 如何防治子宮頸炎？

　　防治慢性子宮頸炎應注意外陰及陰道清潔，在分娩和流產後應預防感染，採取良好的避孕措施，避免反覆做人工流產術，定期做婦科檢查（每年一次）。發現子宮頸炎後應及時治療，子宮頸息肉可進行息肉摘除，子宮頸糜爛和子宮頸納囊可進行電烙、鐳射治療，術後短期內應避免性生活。

### 慢性子宮頸炎食療法四則

　　1.扁豆花9克，椿白皮12克，用紗布包好後，加水200毫升，煎至150毫升，分次飲用，通常一週奏效。

　　2.新蠶砂30克（布包），薏米30克，放瓦鍋內加水適量煎服，每天1次，連服 5〜7天。

　　3.鹿茸6克，白果30，淮山30克，豬膀胱1個。先將豬膀胱洗淨，將諸藥搗碎，裝入豬膀胱內，紮緊膀胱口，文火（小火）燉至熟爛，加食鹽少許調味，藥、肉、湯同時服食。

　　4.杜仲30克（布包），粳米30〜60克，同煮為粥，去

藥渣，食粥。每天1劑，連食7～8劑。

## 健康小叮嚀

### 子宮頸炎的營養治療

1.少食辛辣、油膩的食物。

2.脾虛患者應多吃紅豆、綠豆、扁豆、薏米。

3.細菌易在含糖的環境中繁殖，故應少吃糖、巧克力及其他甜食，以防止感染。

4.補充維生素B群，可減少白帶。富含維生素B群的食物有動物肝臟、牛奶、花生、蛋類、綠葉蔬菜等。

# 五、乳腺增生

乳腺增生是女性最常見的乳房疾病，其發病率占乳腺疾病的首位。近些年來該病發病率呈逐年上升的趨勢，也越來越低齡化。據調查約有 70％～80％的女性都有不同程度的乳腺增生，多見於 25～45 歲的女性。

乳腺增生其本質上是一種生理增生與復舊不全造成的乳腺正常結構的紊亂。在中國，囊性改變少見，多以腺體增生為主，故多稱「乳腺增生症」。世界衛生組織（WHO）統稱「良性乳腺結構不良」。本病惡變的危險性較正常婦女增加2～4倍，臨床症狀和體徵有時與乳癌相混。其主要臨床特徵為乳房腫塊和乳房疼痛，一般常於月經前期加重，行經後減輕。由於乳腺增生病重的一小部分以後有發展成為乳腺癌的可能性，所以有人認為乳腺增生病為乳腺癌的「癌前病變」。

## 乳腺增生有哪些危害？

近年來，隨著生存環境的變化，乳腺增生發病率上升很快，此病症已成爲城市女性主要殺手。一旦罹患乳腺增生症，除了疼痛、腫塊外，患者在情緒上必有煩躁、易怒、恐懼等，生理上有功能下降，如性欲淡漠、月經紊亂、體力下降、尿頻等，在病理上多伴有婦科病、子宮內膜異位症等。對此未能全身綜合標本兼治，久治未果就有轉爲乳腺癌的危險。

## 乳腺增生應如何治療？

由於對本病發生的機理和病因尚無確切瞭解，治療上基本爲對症治療。部分病人發病後數月至1～2年後常可自行緩解，多不需治療。症狀較明顯，病變範圍較廣泛的病人，可以胸罩托起乳房；口服中藥小金丹或消遙散，或5%碘化鉀均可緩解症狀。近年來類似的藥物產品較多，如乳塊消、乳癖消、天多素片、平消片、囊癖靈、三苯氧胺等等，治療效果不一。

此外，尚有激素療法，有人採用雄激素治療本病，藉以抑制雌激素效應，軟化結節，減輕症狀；但此種治療有可能加劇人體激素間失衡，不宜常規應用。僅在症狀嚴重，影響正常工作和生活時，才考慮採用。

# 怎樣預防乳腺增生？

乳腺增生是婦女最常見的乳腺疾病，其發病原因及發病機理與內分泌失調及精神因素有關。雌激素過高和孕激素過少或兩激素間不協調，以及乳腺組織對雌激素過分敏感，均會導致乳腺實質發生增生和復舊不良。

## 預防乳腺增生病的主要措施有：

**1.**保持心情舒暢，情緒穩定。情緒不穩會抑制卵巢的排卵功能，出現孕酮減少，使雌激素相對增高，導致乳腺增生。

**2.**避免使用含有雌激素的面霜和藥物。有的婦女為了皮膚美容，長期使用含有雌激素的面霜，久而久之可誘發乳腺增生。

**3.**妊娠、哺乳對乳腺功能是一種生理調節。因此，適時婚育、哺乳，對乳腺是有利的；相反，30歲以上未婚、未育或哺乳少的女性則易罹患乳腺增生。

**4.**乳腺是性激素的靶器官，受內分泌環境的影響而呈週期性的變化。當「性」的環境擴大及性刺激的機會增多時，則可促使「動情素」分泌，造成雌激素增多而孕酮相對減少，進而發生乳腺增生。因此，保持夫妻生活和睦、生活規律，能夠消除不利於乳腺健康的因素。

## 多食海帶治乳腺增生

　　海帶不但是家常食品，也具有較高的醫療價值，國外專家調查發現，海帶還可以輔助治療乳腺增生。

　　肥胖的婦女如果伴有乳房漲墜疼痛、舌苔膩，症屬痰濕性，食用海帶最佳，可發揮軟堅散結、除濕化痰的功效。海帶含有大量碘。專家認為，碘可以刺激垂體前葉黃體生成素，促進卵巢濾泡黃體化，進而使人體內雌激素水準降低，恢復卵巢的正常機能，糾正內分泌失調，消除乳腺增生的隱患。

　　專家建議，乳腺增生如果伴有體胖、內分泌失調，可經常食用海帶。

## 自測乳房簡易法

　　乳腺增生對於女性朋友來說並不陌生，特別是30歲以上的女性都或多或少會罹患此病。輕度乳腺增生不必驚慌，但如果增生進一步變化則要提高警覺。經常自檢乳房

可有效預防乳房病變。

**乳房自測的四字真經：看、觸、臥、擰。**

**看**：面對鏡子雙手下垂，仔細觀察乳房兩邊是否大小對稱，有無不正常突起，皮膚及乳頭是否有凹陷或濕疹。

**觸**：左手上提至頭部後側，用右手檢查左乳，以指腹輕壓乳房，感覺是否有硬塊，由乳頭開始做環狀順時針方向檢查，逐漸向外（約三、四圈），至全部乳房檢查完為止，用同樣方法檢查右乳。

**臥**：平躺，右肩下放一枕頭，將右手彎曲至頭下，重複「觸」的方法，檢查兩側乳房。

**擰**：以大拇指和食指壓擰乳頭，注意有無異常分泌物。

特別提示：乳房自我檢查的時間應在月經來潮後的第9～11天，淋浴時也可進行，因皮膚濕潤更容易發現乳房問題。

此檢查每月堅持一次，如果發現雙側乳房不對稱，乳房有腫塊或硬結，或質地變硬，乳房皮膚有水腫、凹陷，乳暈有濕疹般改變，應立即去醫院做檢查。

除了自檢外，凡30歲以上婦女，最好每年到醫院檢查一次；40歲以上婦女，每半年醫院檢查一次，以便及早發現病變，防患於未然。

## 乳腺增生的食療

一、全蠍2隻，夾於饅頭或糕點中，一日一次，七天為一療程，應連用2個療程，療程間可休息2天，無效者，可改施他法。

二、海帶2～3尺長，豆腐1塊，煮沸湯飲食之。佐料按平常方法加入，可加食醋少許。

三、山楂桔餅茶：生山楂10克，桔餅7個沸水泡之，待茶煮沸時，再加入蜂蜜1～2匙，當茶頻食之。

四、天合紅棗茶：天門冬15克，合歡花8克，紅棗5個，泡茶食之，加蜂蜜少許。

五、仙人掌炒豬肝，常食有效。

六、黑芝麻10～15克，核桃仁5個，蜂蜜1～2匙沖食之。

七、生側柏葉30克，桔子核15克，野菊花15克等，煎湯飲用。

八、鱔魚2～3條，黑木耳3小朵，紅棗10個，生薑三片，添加佐料，如平常做法紅燒食用。

# 六、不孕

不孕是指一對夫婦在婚後性生活正常，未採取任何避孕措施，同居兩年而未曾妊娠者，引起女性不孕的原因很多，如慢性盆腔炎，子宮內膜炎，內膜異位症，痛經，月經不調，子宮頸糜爛，輸卵管炎，子宮肌瘤，卵巢囊腫，排卵障礙等等，藥流後感染很有可能引起不孕。

據中國的統計資料顯示，已婚夫婦中約10%～15%不能生育，其中約有1/3的病因在男方，而主要病因還是在女方。目前，不孕症已成為婦科常見疾病，其發病率在不斷上升，可能與環境污染、抽煙、晚育、營養失調造成的肥胖或消瘦、藥物或毒品、工作和生活壓力過重、反覆妊娠、盆腔手術、生殖道感染、性傳播疾病等因素有關。此外，不孕症的發生率也隨年齡的增長而明顯上升。

由於不孕不育會導致夫妻感情不和與婚姻危機，影響老人撫養等家庭及社會問題，是育齡男女及社會十分關注

的問題。雖然不孕不育的原因可以是單因素的，也可以是多因素的，男女雙方在原因上可能各占40％，另有一部分是雙方都有關或原因未能探明。不過，大部分經過治療後可以懷孕生育，因此其治療意義很大。

## 常見女性不孕症的原因

女性不孕的原因，可概括爲兩大類：一爲先天性生理缺陷，二爲後天性病理變化。二者均可造成女性生殖器官本身的器質性病變或內分泌功能障礙而造成不孕，具體歸納如下：

⑴**外陰異常：**

加半陰陽人、外陰萎縮粘連、外陰腫瘤、外陰潰瘍、外陰外傷等均可影響妊娠。

⑵**陰道異常：**

①**發育異常：**處女膜閉鎖、狹窄、僵硬，先天性無陰道，陰道縱隔、橫隔，陰道狹窄或上段閉鎖等均可造成不孕。

②**陰道炎症：**滴蟲、黴菌、細菌等感染破壞陰道自然防禦機能，改變正常的酸性環境，引起陰道炎症，均可降低精子的活動能力和縮短精子的生存時間，造成暫時性不孕。

(3)**子宮頸異常：**

①**發育異常及炎症：**如子宮頸缺失、狹窄、鬆弛、發育不全，子宮頸縱隔，子宮頸粘連，錐切術後，子宮頸炎症、息肉、肌瘤等均可形成不孕。

②**子宮頸粘液異常：**分泌過少、過稠，都不能受孕。

(4)**子宮異常：**

①**先天性發育異常：**先天性無子宮，各種子宮畸形，如單角子宮、雙角子宮、舟狀子宮、雙子宮、子宮橫隔或縱隔、幼稚型子宮等均可造成不孕。

②**子宮萎縮：**如哺乳、年老、子宮內股過度攝利、結核、貧血、代謝性疾病、卵巢功能衰退等均可導致子宮萎縮引起不孕。

③**其他：**子宮肌瘤、子宮內膜異位症、子宮內膜息肉、子宮體腺癌、子宮內膜炎、子宮內膜粘連、子宮內膜功能異常、子宮位置異常、子宮脫垂等均不利於受孕。

(5)**輸卵管異常：**

女性不孕症中有20％～40％係因輸卵管不通而不能受孕。常見原因有輸卵管炎症、輸卵管形態異常、輸卵管痙攣、輸卵管結核、輸卵管積液等。

(6)**卵巢異常：**

①**先天性發育異常**：性腺形成不全症、染色體染色質異常、眞性半陰陽、寒九性女性化、卵巢的卵泡組織欠缺、外陰器官及卵巢發育不全、多失卵巢等均可造成不孕。

②**其他**：卵巢炎、卵巢位置異常、卵巢子宮內膜異位症、卵巢腫瘤、卵巢功能不全等都是不孕的原因。

⑺**盆腔、腹膜異常**：

盆腔炎、盆腔腹膜炎、結核性腹膜炎、腹膜子宮內股異位症等均可造成不孕。

⑻**內分泌異常**：

下丘腦、垂體、卵巢之間內分泌平衡失調時，均會影響卵巢功能，出現月經不調、無月經、月經稀發等而造成不孕。

⑼**精神神經異常**：

精神過度緊張，嚴重時成爲精神性的「求子狂」等會造成內分泌紊亂而不孕。

⑽**全身性疾病**：

①**急性傳染病**：如腮腺炎、猩紅熱、霍亂、先天性梅毒、結核等疾病均能損害卵巢或影響其功能而導致不孕。

②**化學物理性因素**：如鉛、汞的中毒，抽煙，飲酒，

放射性因素，環境的改變，維生素類的缺乏等，對受孕亦有影響。

⑾**原因不明的不孕：**

經過不孕原因的系列檢查，雙方均未發現明確的不孕原因者，有10%左右。

此外，免疫因素亦會引起不孕。男子的精子進入女性陰道，作爲一種異體蛋白——抗原，使女子體內產生抗體，有些婦女的這種免疫反應特別強烈，使精子凝聚而失去活動力，導致不孕。

## 不孕症的處理方法

發生不孕，男女雙方應同時去醫院檢查，排除男性不孕，然後再詳細檢查女性不孕原因：依次先檢查卵巢功能，再檢查輸卵管的通暢和其他檢查，此外還需消除一切可能存在的精神因素，進行性生活和受孕知識的指導。

### 治療不孕症的偏方

▲**先天歸一湯**：當歸36克，白術、獲多、生地、川芎各30克，人參、白芍、牛膝各24克，砂仁、香附、丹皮、制半夏各21克，陳皮18克，甘草12克，生薑3克。將上藥和勻，分爲10次劑，每日服1劑，水煎空腹服。月經本行服5劑，月經行後，再服5劑。具有調經育子的功效。對婦女因清志所傷，月經不調，不能受孕者有效。

▲**石英毓麟湯：**紫石英15～30克，川椒1.5克，芎桂心6克，川續斷、川牛膝、仙靈脾、當歸各12～15克，菟絲子、枸杞子、香附、赤白芍、丹皮各9克，水煎服。具有溫腎養肝、調經助孕的功效。對腎虛不孕者有效。

▲**助孕湯：**枸杞子10～15克，覆盆子、芫蔚子、菟絲子、赤芍藥、澤蘭、香附、丹參各9～10克，紫石英15～30克，於月經週期第11天開始服用，每日1劑，連服3～4劑。若腎陽虛加仙靈脾、仙茅，腎陰虛加魯豆、白芍、女貞、旱蓮草，陰虛火旺加知母、黃柏，痰濕加茯苓、半夏，寒濕加附子、蒼術，氣滯血淤加雞血藤、歸尾、桃仁。本方具有補腎暖胞宮、活血調沖任的功效。對女子不孕症，排卵功能異常不能受孕者有效。

▲**嗣子湯：**鹿銜草60克，繭絲子、白蒺藜、檳榔各15克，辛夷、高良薑、香附、當歸各10克，細辛6克，水煎服，每日1劑。具有補腎益精、疏肝解鬱、調理沖任、溫暖胞宮的功效。對女子不孕症，子宮內膜增殖期不排卵者有效。

# 七、前列腺炎

前列腺炎是男性青壯年人的常見疾病，據統計，約占泌尿科門診病人的 1 ／ 4。罹患前列腺炎可以全無症狀，也可以引起持續或者反覆發作的泌尿生殖系統的不適。由於精囊的解剖位置與前列腺相毗鄰，因此大約 80 ％的病例炎症同時累及精囊，因此該病也稱為前列腺精囊炎。由於前列腺炎遷延難癒，易復發，故許多慢性前列腺炎患者會將炎症帶入老年。

前列腺炎的常見症狀為尿急、尿頻、尿痛、滴白、腰痛，甚至引起性功能障礙等。慢性前列腺炎易復發。本病的預防非常重要，需要醫生與患者密切配合，尤其重要的是患者的自身調護。

## 前列腺炎有什麼樣的症狀？

罹患有這種疾病的人會出現性功能障礙，如遺精、早洩，射精痛、陽痿，嚴重的會有血精，其次是排尿異常，

如尿頻、尿急、尿痛、血尿等。此外，還會出現腰骶部、會陰部、恥骨上、腹股溝、睾丸等處疼痛。全身症狀有發燒、畏寒、噁心、嘔吐、頭痛、注意力不集中、失眠、精神抑鬱等。

## 前列腺炎會帶來哪些危害？

前列腺是男性生殖系統的一個器官。前列腺發炎不僅會引起局部的不適和症狀，還會引起全身症狀和不適，甚至引起尿毒症、腫瘤等惡性疾病，總之，前列腺炎對人體的危害是多方面的，並隨病程長短及病情輕重程度不同而各不相同。

(1)**痛苦，影響工作和生活。**由於炎症的刺激，產生一系列症狀，如腰骶、會陰、睾丸等部位脹痛、尿不淨、夜尿頻等，使患者煩躁不安，影響工作和生活。

(2)**影響性功能，導致陽痿、早洩。**由於疾病長期未能治癒，各種症狀和不適在性交後加重，或直接影響性生活的感受和品質，對患者造成一種惡性刺激，漸漸出現一種厭惡感，導致陽痿、早洩等現象。

(3)**影響生育，會導致不育。**長期的慢性炎症，使前列腺液成分發生變化，前列腺分泌功能受到影響，進而影響精液的液化時間，精子活力下降，會導致男性不育。

(4)**導致慢性腎炎，甚至會發展為尿毒症。**前列腺炎如

不及時治療，會導致前列腺增生，對膀胱出口進行壓迫，使尿液不能完全排空，出現殘餘尿。殘餘尿是細菌繁殖的良好培養基，加上膀胱粘膜防禦機制受損，故極易導致尿路感染如腎盂腎炎等，此時如治療不徹底，由腎盂腎炎、腎積水等，進而發展為腎炎，最後發展為尿毒症。

⑸**導致內分泌失調，引起精神異常**。正常情況下，前列腺能分泌多種活性物質。由於前列腺發生炎症，內分泌失調，會引起神經衰弱，以致精神發生異常；亦可出現失眠多夢、乏力頭暈、思維遲鈍、記憶力減退等症狀。

⑹**傳染配偶引起婦科炎症**。前列腺炎可以傳染給妻子，特別是一些特殊病菌感染引起的前列腺炎，其炎症可以透過性交途徑傳染給妻子。如黴菌性前列腺炎、滴蟲性前列腺炎、淋病性前列腺炎、非淋菌性（衣原體、支原體）前列腺炎等。

⑺**易引起感染**。人體前列腺中含有一種抗菌物質，叫前列腺抗菌因數。當前列腺發炎時，這種抗菌因數減少，故而容易引起感染。前列腺炎引起的感染會導致急性尿瀦留、急性精囊炎或附睪炎、輸精管炎、精索淋巴結腫大或觸痛等，嚴重時會發生腹股溝痛或腎絞痛。

⑻**易患腫瘤**。正常人前列腺液中含有一種抗癌物質，對抑制腫瘤有重要意義。而前列腺患病時這種抗癌物質減少，進而易引起腫瘤。

# 前列腺炎應該做哪些檢查？

慢性前列腺炎病人，可根據具體情況選用下列檢查

⑴**直腸指檢**：是前列腺炎的一般檢查。指檢時，前列腺大小不等，表面不規則，部分腺體變硬或有小的硬結，大多數有輕度壓痛。

⑵**前列腺液檢查**：一次檢查的陰性結果，不能輕易排除本病；而陽性結果一般能做出慢性前列腺炎的診斷。

⑶**細菌學檢查**：有助於診斷和治療。陽性結果即可診斷為細菌性慢性前列腺炎。

⑷**前列腺穿刺活體組織檢查（活檢）**：對慢性前列腺炎的診斷有決定性意義，但對區別細菌或非細菌性前列腺炎則意義不大。因為一般方法即能做出明確診斷，所以在臨床上本法並不常用。

⑸**超音波檢查**：在慢性前列腺炎的部分病人中，因局部滲出、纖維化、粘連而使包膜反射不光滑，嚴重時包膜界限不清；腺體形態規則，左右對稱，內部可見侷限性反射減少等。本項檢查可供臨床參考。

⑹**免疫測定**：應用特異性抗原O凝集試驗，有82％慢性大腸桿菌性前列腺炎病人血清中的大腸桿菌抗體升高，而只罹患大腸桿菌性尿道炎病人和正常人血清中的大腸桿菌抗體都較低。但此項檢查目前應用較少，有待深入研

究。

## 自我按摩治療慢性前列腺炎

慢性前列腺炎是泌尿科最常見疾病，患者甚多，由於前列腺解剖結構及生理特點，病程較長，患者深以為苦，甚至有人喪失治癒的信心，因此，向大家推薦一種自我按摩療法配合治療本病，以求促進患者病體早日康復。自我按摩療效肯定，操作簡便，患者極易掌握。

患者採下蹲姿勢或側向屈曲臥姿，便後清潔肛門及直腸下段後，用自己的中指或食指按壓前列腺體，方法如前，每次按摩3～5分鐘，以每次均有前列腺液從尿道排出為佳。按摩時力道一定要輕柔，按摩前可用肥皂水潤滑指套，減少不適。每次按摩治療至少間隔3天以上。

如果在自我按摩過程中，發現前列腺觸痛明顯，囊性感增強，要及時到醫院就診，以避免慢性前列腺炎出現急性發作時還進行前列腺按摩的情況。

需要強調的是，自我按摩治療只是一種配合治療方法，不能完全代替其他療法。

## 慢性前列腺炎常用的治療方法

慢性前列腺炎病程長，遷延難治，故探索治療慢性前列腺炎的方法非常多，大體上分為內治法和外治法兩大類。內治法包括中醫辨證論治和西藥的治療，在此主要列

舉介紹幾種常見的外治法。

⑴**針灸療法**，包括體針、耳針及灸法（具體操作請參考相關問題，以下同）。

⑵**前列腺按摩療法**。

⑶**坐浴療法**。

⑷**前列腺注射療法**。

⑸**敷臍療法**。

⑹**中藥湯劑保留灌腸和中藥栓劑塞肛療法**。

⑺**經尿道注藥法**。

⑻**物理療法包括**：①超短波治療。②微波治療。③鐳射治療。④中波療法。⑤直流電藥物離子導入療法。⑥電興奮療法。⑦磁場療法。⑧經絡場平衡療法。

以上各種治療方法，主要發揮改善前列腺局部血運、疏通腺管、軟化瘢痕、提高局部組織代謝率的作用。可根據患者具體病情，配合內治法，酌情選用一兩種，進行綜合治療，以提高療效。

⑼**足反射療法**：是指在足部的前列腺病反射區施以按、揉等手法而達到治療的目的。

⑽**挑治療法**：是取患者腰骶部之皮膚疹點或與前列腺有關的穴位進行挑刺而治療本病的方法。

⑴氣功療法。

## 前列腺炎病人宜多食蘋果

　　前列腺液中除了蛋白質、各種酶外，還含有許多微量元素，其中鋅占大多數。已有報告，前列腺組織中的鋅含量遠遠高於機體其他組織。那麼鋅在前列腺組織中到底發揮什麼作用呢？

　　國外透過一項實驗研究發現前列腺液中含有一定量的抗菌成分，進一步研究證明這種抗菌物質是一種含鋅蛋白，其主要成分是鋅，其抗菌作用與青黴素相似，故把此抗菌成分稱之爲前列腺液抗菌因數。並且發現在慢性前列腺炎時，鋅含量明顯降低並難以提高。

　　國外的一項臨床醫學研究發現，蘋果汁對鋅缺乏症具有驚人療效，這項研究被稱爲「蘋果療法」。與常用的含

鋅藥物療法相比，蘋果汁比含鋅高的藥物更具有療效，且具有安全、易消化吸收並易爲患者接受的特點。另外，「蘋果療法」的療效與蘋果汁濃度成正比，越濃療效越佳。故慢性前列腺炎的患者經常食用蘋果是非常有益的。

## 健康小叮嚀

### 慢性前列腺炎的簡易療法

慢性前列腺炎是青壯年男性的常見疾病，中醫治療該病確有顯著療效，現介紹幾種適合家庭使用的簡易治療法。

1. 拔火罐。取八髎穴，位骶椎旁，左右各兩只，留15分鐘。

2. 生薑灸。取新鮮生薑，稍切去兩側生薑皮，放在骶椎旁1公分處，左右各兩塊。或在曲骨、中極穴（臍下五寸、四寸）放艾，灸三壯。

3. 白芷、萆解各30克，甘草5克，煎湯一臉盆，坐盆內，水至小腹。用手按小腹至外陰部，以有溫熱爲適，水涼加溫。每次坐30分鐘，每日一次。

4. 麝香粉0.15克，放入臍內，再把由7粒白胡椒研成的細粉蓋於上面，然後上蓋塑膠薄膜，膠布固定。7天換藥。

# 八、陽痿、早洩

陽痿是指男性陰莖勃起功能障礙，症狀為男性在有性欲的情況下，陰莖不能勃起或能勃起但不堅硬，不能進行性交活動而發生性交困難，陰莖完全不能勃起者稱為完全性陽痿，陰莖雖能勃起但不具有性交需要的足夠硬度者稱為不完全性陽痿。從發育開始後就發生陽痿者稱原發性陽痿。引起陽痿的原因很多，除了少數生殖系統的器質性病變引起外，大多數是心理性和體質性的，50歲以上的男子出現陽痿，多數是生理性的退行性變化。不論何種陽痿均不能完成性交，因此常常導致男性性興奮異常和女性心理上的變化，不可避免地影響夫妻感情，而且影響生育，甚至涉及法律，所以診斷陽痿必須慎重。

早洩是射精障礙中最常見的疾病，是指性交時間極短，甚至勃起的陰莖尚未插入陰道或者剛剛插入尚未抽動即發生射精，以致於不能進行正常性交活動的一種疾病。

目前對早洩的臨床診斷尚存有差異。大多臨床醫生都把陰莖進入陰道的停留時間的長短，作為診斷的依據。也就是陰莖進入陰道後，不足5分鐘發生射精就可診斷為早洩。有的醫生以陰莖進入陰道後抽動的次數為診斷標準。認為連續抽動不足15次而發生射精者，就可診斷為早洩。

在一般人群中，早洩是最普遍的性生活障礙，約有20

％～40％的男性存在射精過程快的問題。但並不是所有的早洩都需要治療。這和夫婦雙方對性行為的認識有很大的關係。如果射精過快，而女方卻感到很滿意，自己也並不覺得不妥，當然也就不需要治療。一般情況下，如果出現以下幾種情況，最好還是到醫院就診：

接觸刺激性畫面或語言，與異性身體接觸，如擁抱、親吻時，情不自禁出現射精者；性器官剛一接觸，就出現射精者；以前性生活時間較長，而最近明顯縮短，且女方較長時間得不到滿足者。

有資料顯示：中國40歲～70歲男性普遍面臨著ED（勃起功能障礙Erectile dysfunction， ED）問題的困擾，在調查的樣本中，40歲以上的人群中，有高達52.5％的男性忍受著ED病痛的折磨，30歲以上的男性也佔有很大比例。其中，每10個ED患者中9個以上都認為疾病對他們男性氣概的感覺產生了影響。

## 如何自測是否陽痿？

很多男子不能確定自己是否罹患陽痿，其實可以從陰莖的夜間勃起情況來判斷陽痿的性質。各年齡的正常男子，在夜間睡眠中都會發生陰莖反射性勃起。青春期每晚平均勃起6次左右，每次20～30分鐘；青壯年平均每晚勃起4次左右；65歲以上的健康老人，每晚仍可有1～1.5小時的總勃起時間。即使是兒童，在睡夢中也常常會有陰莖勃

起。

顯然，夜間陰莖的反射性勃起與性刺激無關，也不受精神心理因素的影響，因此，可用於鑑別陽痿是由於精神心理因素引起的，還是由於疾病因素引起的。假如陽痿患者無夜間勃起或勃起程度在同年齡層正常值之下，即可能存在疾病因素，需進一步深入查明病根。若陽痿患者有正常的夜間勃起，則不會是疾病因素造成，而是精神與心理因素在作怪。

陽痿須與早洩、遺精等性功能障礙區別，一般先要經過治療——觀察——診斷三個步驟，這裡介紹一種簡易試驗檢查法，在夜間睡眠，用一張紙圍繞陰莖一周並粘牢，於次日醒來後檢查紙圈是否斷裂，如果斷裂，則說明睡眠中陰莖曾有勃起，當然就不能診斷爲陽痿，若連結陰莖測量儀就更爲精確了。

顯然，在陽痿者自我測量陰莖夜間勃起，對查明陽痿的病因是很有幫助的。某些精神性陽痿患者，看到陰莖在夜間能正常勃起，信心大增，陽痿也就不藥而癒了。

## 陽痿的治療方法

### ㈠內科治療

治療全身性疾病：如糖尿病早期病人，適當地控制飲食、應用胰島素或口服降糖藥後常能使性功能迅速改善。

　　停用影響性功能的藥物：有許多藥物，如降壓藥、抗精神病藥、利尿劑、激素、抗膽鹼藥、心血管系統藥物等都會引起陽痿，故停用這些藥物將有利於性功能的恢復；但停用之前，必須權衡病人的全身情況來決定原發病的繼續治療，還是減少劑量、改用其他藥物或完全停止用藥。

　　內分泌治療：包括下列幾個方面：

　　(1)應用性激素或促性腺激素

　　(2)腎上腺皮質激素或甲狀腺激素

　　(3)多巴胺增效劑或擬多巴胺類藥

　　(4)糾正代謝紊亂

　　(5)內分泌腺手術

### (二)陰莖假體植入手術

　　對於完全不能勃起的病人，長期以來醫生們一直在尋找一種理想的外科治療方法。1973年Scott等研製成功可由液體充盈膨脹的中空假體，1975年Small及 Carrion二位又研製了半硬矽橡膠棒狀假體。這兩種已成為目前最常用的兩種陰莖假體，植入部位也一致認為以分別將二要矽柱並列植入兩側海綿體內為最理想。近年又有兩種新的可脹性假體問世。其特點都是將上述柱狀矽囊、輸液泵、貯液器三個零件組裝在一根假體內，即使於手術時安置，也可減少機械故障發生率。其中一種叫Flexi Flate陰莖假體，另一

種叫Hydroflex陰莖假體。

### (三)海綿體內注射血管活性藥物

　　罌粟鹼是一種有力的平滑肌鬆馳劑，注入海綿體內可使動脈血管擴張、海綿體小梁平滑肌鬆馳，因而使陰莖的流入血量增加而誘發勃起。適用於血管性、神經性、內分泌性及頑固的精神性陽痿，有效率可達70％～97％。

### (四)血管外科手術

　　隨著診斷技術的開發進展，發現有許多陽痿是因為血管性病變所致，常見的原因有三種：動脈供血不足、靜脈異常、動靜脈痛。治療應針對發病原因進行。動脈供血不全者，若病變位於髂劫脈部位以上，可進行動脈內膜剝脫，或經皮腔內血管擴張成形術、血管切除移植或搭橋手術。

### (五)負壓被動勃起法

　　為了使器質性陽痿的陰莖能產生足夠的勃起硬度，可將陰莖置於負壓器中，使海綿體被動充血而達勃起狀態。然後用橡皮帶束縛陰莖根部使保持勃起，即可進行房事。30分鐘內去除橡皮帶，陰莖即可恢復痿軟狀態。

### (六)行為療法

　　行為療法是心理性陽痿的治療方法之一。它的理論根據是，性行為與其他行為一樣是後天學習的，性功能障礙

是錯誤學習的結果。因而可以透過再學習來糾正，其具體方法是透過一系列難度逐步加大的訓練，使患者的恐懼反應與性交情景分離，進而達到消除顧慮的目的。

**性感集中訓練主要包括三步，即：**

1.夫婦非性敏感部位的相互撫摸。

2.性敏感部位（如乳房、性器官和各人的特殊敏感部位）的相互撫摸。

3.完成陰莖的插入和性交，這是一個系統脫敏的過程，歷時需1～2個月，旨在透過夫婦逐步升級的肉體接觸和表達性愉悅感，去除對性交的焦慮感。

## 丈夫陽痿了，妻子怎麼辦？

男性陽痿原因很多，但大多數與精神或心理因素密切相關，若不治療，久而久之會對性功能恢復失去信心。妻子對持丈夫陽痿應主動安慰、關心、消除丈夫的焦慮心理。

**妻子應做到以下三點：**

1.性活動都要有一個誘發和準備過程，妻子應改被動為主動，這對丈夫消除恐懼感有幫助。

2.妻子要注意調整感情，重溫舊情、以喚起新的情愛。切忌責怪，這樣會消除丈夫的性交焦慮感。

3.妻子有必要控制性交的次數和頻率，不可強制丈夫進行無效的性交，有時甚至停止一個月或兩個月性交活動，以便丈夫治療陽痿，待性功能恢復後再恢復性生活。

## 治療陽痿的食療方

▲川斷杜仲煲豬尾：川斷15克，杜仲15克（布包），豬尾1～2具，去毛洗淨。加水、薑、料酒、醬油，武火煮沸，文火燉至豬尾熟爛；加鹽少許。食豬尾飲湯，一次服完。每週1次，連續食用1個月。能補腎氣而興陽道，適用於腎虛陽痿。

▲當歸牛尾湯：當歸30克，牛尾1條，鹽少許。將牛尾去毛洗淨，切成小段，與當歸入鍋加水煮熟，再加鹽調味，飲湯吃牛尾。用於腎虛陽痿。

▲韭菜炒蝦米：韭菜150克，鮮蝦50克，炒熟佐膳或酒，每週2～3次，連食4週。適用於命門火衰陽痿。

▲附片燉狗肉：熟附片30克，生薑150克，狗肉1000克，蔥、蒜適量。先煎熬附片1小時，然後放入狗肉、生

薑、蔥、蒜，一同燉爛，可分多次服食。適用於陽虛的陽痿。

**▲白胡椒煲豬肚：**白胡椒15克磨碎，放入洗淨的豬肚內，加少許水分，用線紮口，慢火煮熟。調味後服食豬肚，每日中餐空腹食，分3～5天食畢。連續食3～5次。適用於脾胃虛弱的陽痿。

**▲北芪杞子燉子鴿：**北芪30克，柏子30克，子鴿1隻。鴿子洗淨，加水，三物同煮至鴿肉熟透，調味，食鴿肉、杞子，飲湯。每週2次，連服3週。適用於中氣不足的陽痿。

**▲燉冬蟲雞：**冬蟲夏草5根，母雞1隻，將雞洗淨，和冬蟲夏草放入鍋內，加水燉1.5小時，待雞肉爛熟時加鹽和味精各少許調味，食肉飲湯。適用於陰虛精少的陽痿。

**▲冬蟲夏草燉甲魚：**冬蟲夏草10克，甲魚1隻（約500克重），紅棗20克，料酒30克，鹽、味精、蔥、薑、蒜各適量，雞湯1000克。先將甲魚切成四塊，放入鍋內煮沸，撈出，切開四肢，剝去腿油，洗淨。冬蟲夏草洗淨。紅棗用開水浸泡。再將甲魚放在湯碗中，加入冬蟲夏草、紅棗、料酒、鹽、蔥段、薑片、蒜瓣和雞湯，入蒸籠蒸2小時後取出，撈出蔥、薑即可。吃肉飲湯，日服1次，連續4～5天服完。適用於氣明兩虧之陽痿。

**▲龍眼山藥粥：**龍眼肉5個，淮山50克，粳米50克，早

上煮粥吃。10天爲一療程，停5天後再食，一般食用3個療程。適用於心脾兩虧的陽痿。

▲**蝦米煨羊肉：**白羊肉250克（去脂膜，切成小塊），蝦仁25克，生薑5片，加水煮至肉熟，分3次服完。每週製作1次，連服4週，有溫腎壯陽之功。適用於平常怕冷體質的陽痿。

▲**香附米燉豬尾：**香附米 20 克，豬尾 2 條去毛洗淨，加水同煮，武火煮沸後改文火燉至豬尾熟爛，棄香附米，加調味料調味，連湯服食，連續 2～3 次。有行氣解鬱，振奮陽道的作用。適用於情志因素造成的陽痿。

其他如公雞、泥鰍、鱔魚、動物腎及生殖器等血肉有情之物品，核桃仁、冬蟲夏草、栗子等植物均有助陽作用，可因時、因地、因人選擇使用。

## 早洩主要的治療方法

早洩除了器性病變引起者，一般都可以進行非藥物性治療，只要持之以恆，可以取得藥物所不能取得的效果。早洩的根本原因是射精所需要的刺激閾值太低，非藥物性治療也是提高閾值，以消除刺激與反應之間的關聯。

**1.間斷式性交法：**在性交活動中，男性當有射精預感時，立即停止陰莖的提插，把陰莖留在陰內，女性在性興奮時陰道擴張，陰莖頭沒有接觸到陰道壁，可以降低龜頭的刺激而降低性興奮，等到射精預感完全消失，再進行性交活動。如此反覆間斷式性交，可以防止早洩。

**2.物理療法：**腰骶部超短波透熱療法、溫水浴、礦泉浴等也可輔助治療。

**3.下拉陰囊和睾丸法：**在性交活動中，男性在射精預感到來時，可見陰囊收縮，睾丸提高，此時可通知女方用手輕輕將男性的陰囊和睾丸向下牽拉，這樣可降低男性性興奮，以延緩射精的時間，達到防治早洩的效果。

**4.採用保險套性交法：**男性戴保險套進行性交，可以減輕陰莖的摩擦，進而降低男性性興奮的敏感性，延長性交時間，避免早洩。

**5.捏擠法：**此法為非藥物性治療早洩的最佳方法，它可以提高男性的射精刺激降值，緩解射精的緊迫感，增強性的興奮性，改善射精的反射狀態，重建或恢復正常的射

精時間。捏擠法男女雙方都可進行，但由女方進行比由男方單獨進行效果更好。開始時單純捏擠，不進行性交，捏擠的方法是：女方用拇指（指腹）放在陰莖系帶部位，食指和中指（指腹）放在陰莖冠狀溝緣的上下方，輕輕捏擠4秒鐘然後突然放鬆，如此進行4～5次。切忌用指甲捏狹或搔劃陰莖。然後進行性交，陰莖插入陰道後暫不提插，靜置不動，男女雙方都將注意力引到身體其他部位的情感上，稍後拔出陰莖，再進行捏擠4～5次後再插入陰道，開始緩慢提插，待至快射精時，再次拔出陰莖進行捏擠後再插入陰道靜置4～5分鐘，提插速度可加快直到射精。經過半個月、1個月的捏擠後，多數排精，時間可以延長，這樣可以捏擠陰莖根部，效果也佳，而減少陰莖拔出的麻煩。捏擠法一般需進行3～6個月才能鞏固療效，根據調查報告有效率可達95.1%，是行之有效的非藥物性療法。

## 男性食補的獨門秘笈

中醫養生認為，蝦味甘性溫，有補腎壯陽的功能。現代營養學家一致認為，蝦營養價值豐富，脂肪、微量元素（磷、鋅、鈣、鐵等）和氨基酸含量甚多，還含有荷爾蒙，有助於補腎壯陽。在西方，也有人用白蘭地酒浸蝦以壯陽，有鑑於此，便不難知道為何扶陽不可缺少蝦了。下面介紹幾種有關蝦的吃法。

### ▲韭菜炒蝦肉

原料：韭菜適量，鮮蝦250克，生薑3片。

製法：將蝦去腸泥、殼，爆香薑片，放入鮮蝦炒熟。韭菜略炒，與蝦一起盛盤即可。

功效：主治腎虛陽痿等症。

## ▲蒸蝦仁

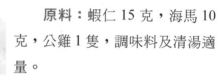

原料：蝦仁 15 克，海馬 10 克，公雞 1 隻，調味料及清湯適量。

製法：將公雞洗淨，裝入鍋內。將海馬、蝦仁用溫水洗淨，放在雞肉上，加調味料、清湯，蒸至熟爛即可。

功效：溫腎壯陽，益氣補精。主治陽痿、早洩。

## ▲米酒炒大蝦

原料：對蝦300克，米酒適量，生薑3克。

製法：將對蝦去腸泥洗淨放入米酒中浸泡15分鐘後取出，加油、生薑大火炒熟，調味上桌。

功效：主治腎氣不足和陽痿。通血脈，補腎壯陽。

## ▲仙茅蝦

原料：仙茅20克，大蝦250克，生薑2片，鹽少許。

製法：仙茅用清水洗乾淨。大蝦用清水洗乾淨去殼，

挑去腸泥。生薑切末。把以上原料一起放入瓦煲內，加水適量，中火煲1小時，加入鹽少許即可。

功效：主治腎虛陽痿、精神不振、腰膝痠軟等。

### ▲醉蝦

原料：蝦600克，紹興酒適量。

製法：將蝦洗淨，剪去頭鬚，除淨腸泥。再將蝦與紹興酒一同煮2分鐘，根據自己喜好，加入適當調味料。浸泡1小時後即可食用。

功效：主治腎虛、陽痿、性功能減退等症。

### ▲乾煎蒜子大蝦

原料：蝦250克，大蒜20克，椒鹽1中匙。

製法：蝦洗淨，切去頭尾，瀝乾水。油熱下鍋，與蒜和椒鹽同煎，起鍋。

功效：強健腺體，益精補虛。

對於以上具有補腎助陽作用的食療，只能根據身體狀況，適當進補，不能沒有節制地過量進補，否則「過猶不及」，可能會帶來副作用，對身體造成不必要的傷害。

# 第八章

## 怎樣大修感覺器官

透過眼、耳、鼻、舌、皮膚可以將外界資訊傳向大腦，進而使人產生各種感覺。感覺器官無論從發生上，還是從功能和結構上，都是神經系統的一部分。

　　人體中有些器官負責接收外界的各種刺激，然後傳到中樞神經系統，稱為感覺器官。感覺器官由感受器及其附屬結構組成，能接受特定的刺激，並將刺激轉化為衝動，透過特殊傳導路線傳至大腦皮質的特定功能區，經綜合分析而產生感覺。

　　一般所指的感覺器官包括眼睛（視覺）、耳朵（聽覺）、鼻子（嗅覺）、舌頭（味覺）和皮膚（觸覺）。

　　眼睛是視覺器官，可以讓我們看見形形色色的事物；耳朵是聽覺器官，具有收聽聲音以及平衡身體的功能；鼻子是嗅覺器官，對於各種氣味的刺激很敏感；舌頭是味覺器官，可以接受甜、酸、苦、鹹等不同味道的刺激；皮膚是觸覺器官，是接受溫度、壓力、疼痛等的感受器。

　　透過眼、耳、鼻、舌、皮膚可以將外界資訊傳向大腦，進而使人產生各種感覺。感覺器官無論從發生上，還是從功能和結構上，都是神經系統的一部分。

　　感覺器官主要的疾病有視力減退、乾眼症、耳鳴、中耳炎、青春痘、雀斑、皮膚過敏等。

# 一、視力減退

　　視力減退大致可分為兩種性質不同的類型。第一類是眼部疾病所引起，第二類與屈光不正有關。由眼病導致的視力障礙，會因透明中間質變爲混濁，擋住了「視線」。如角膜混濁、白內障、玻璃體混濁等；也可以是光線的感受或傳導障礙，絕大多數眼底病均屬這一範疇。

　　屈光不正導致的視力障礙，常表現爲遠、近視力減損的程度不相稱。近視性屈光不正患者看遠模糊，而近視力可能絲毫不受影響；遠視性屈光不正患者則相反，看遠清楚，書寫、閱讀就感到十分困難；散光或遠視患者，則遠、近視力都可能受到影響，且常伴有視覺疲勞症狀，而眼部檢查一般無法發現器質性病變，可和眼病導致的視力減退區別。當然，在很多情況下眼病和屈光不正可能同時存在，在分析視力障礙的原因時，應該考慮到這一因素。

　　三十歲左右的人長時間看書、看電腦、看電視，導致眼睛睫狀肌長期處於緊張狀態，失去調節彈性，視力也會像青少年一樣受到影響。這些人的近視都是因疲勞引起，

初期注意休息即可以恢復。但他們的工作性質決定了無法獲得充足休整，往往經過半年至一年，會發展為真性近視。

## 視力減退有什麼樣的症狀？

人們一直認為，近視眼不紅不痛，悄悄降臨，其實，視力減退是有預兆的。

眼睛疲勞症狀。看書時間一長，感覺字跡重疊或串列。再看前面的物體，若即若離，浮動不穩。這些都是眼睛疲勞所造成的睫狀肌調節失靈的症狀。另外，有的少年兒童會反覆發生麥粒腫、瞼緣炎，是表示近視眼的「前奏曲」已經奏響。

知覺過敏症狀。在發生眼睛疲勞的同時，許多人還伴有眼睛灼熱、發癢、乾澀、脹痛，重者疼痛向眼眶深部擴散，甚至引起偏頭痛，亦會引起枕部、頸項部、肩背部的痠痛，這是眼部的感覺神經發生疲勞性知覺過敏所致。

全身神經失調症狀。有些原來成績好的小朋友對上課會產生厭煩情緒，脾氣變得急躁，學業成績下降。晚上睡眠時多夢、多汗，身體容易倦怠，且有暈眩、食欲不振等症狀。這些症狀是由於受眼睛疲勞影響所產生的中樞和植物神經失調的表現，也是即將產生近視眼的信號。

# 酒後看電視小心視力減退

有些愛喝酒的人，經常邊看電視邊喝酒。這樣做的結果是使眼睛受到莫大的傷害。

大家都知道，酒中含有的乙醇進入人體後會很快地擴散到血管；由於醇類易溶於水，而眼球內腔的玻璃體含水量達99％，對乙醇有較強的親和力，極易損傷視網膜。

醫書上說：「酒使人眼睛充血易傷目。」酒的主要成分是乙醇，當人們飲酒後，眼球結膜充血，造成局部組織缺氧。同時酒會消耗大量的維生素B，當眼睛缺少維生素B後極易發生角結膜乾燥、視神經炎及晶狀體混濁。所以，喝醉酒的人普遍是眼球上佈滿血絲，出現紅眼現象。

近代醫學界研究證實：酒中的有害醇類（如甲醇）也會對視網膜、視神經有明顯的毒害作用，若飲酒過量，酒中的有害成分會使視神經萎縮，嚴重的甚至會導致失明。此時看電視對眼睛非常不利。

因為電視係直接光源，對眼睛的刺激力很強，況且電視機的顯像管會放出定量的 X 射線，能大量消耗眼睛視網膜中視杆細胞的視紫紅質，導致視力模糊、減退。看電視會使視力衰退，而飲酒又損害視神經，二者同時進行，等於火上加油，對視力大有

損傷。

勸君切莫面對開著的電視機，邊看邊飲酒引以爲樂，以免貽害眼睛。喝醉酒的人也不宜急於看電視。

## 預防視力減退的生活小常識

在現代生活和工作中，很多年輕人經常坐在辦公室內，運動量很少，晚上也容易失眠，即使增加睡眠也很難感覺得到了充分的休息，導致視力不斷減退。

出現這種情況，經常走路，經常運動，加速體內血液循環，對預防和治療視力減退都很有幫助。

照明也是眼睛健康的一個重要條件。平時一定要注意身邊的亮度，讀書、記筆記、做針線活時最適合的亮度爲400～500勒克司。

燈具的高度、位置和牆壁顏色等會造成亮度的不同。通常400～500勒克司是指12平方公尺房間裝兩盞40瓦的日光燈時的亮度。

但是，也有的人認爲在房間裡裝兩盞20～30瓦的日光燈，然後利用檯燈讀書會很方便，這也沒有問題。只是要注意檯燈最好選用15～20瓦左右的日光燈或40～60瓦左右的白熾燈，並要放在左前方。

日光燈用了一段時間以後產生的閃光現象，以及燈光直射眼中和光的反射都會損傷視力，躺著看書也會使眼睛疲勞，書本應距離眼睛30～35公分。

另外，看電視時將室內燈光熄滅，也會造成眼睛疲勞。最好保持室內的光線，舊英寸的電視應距離3公尺以上，眼睛保持與電視平行或稍高一點的位置。

眼睛感到疲勞或開始出現老花眼症狀時，請做一下遠近交互凝視體操。

盡量睜大眼睛，將眼球上下左右轉動。遠近交互凝視是手指盡量靠近眼睛凝視2～3秒，再凝視5公尺以外的物體2～3秒，持續這種運動1～2分鐘，近視或遠視患者最好戴上眼鏡進行矯正。

## 防治視力減退的食療驗方

### ▲枸杞鯽魚湯

**主治**：近視眼，視物模糊。

**配方**：鯽魚一尾（約2000克），枸杞10克。

**用法**：將鯽魚洗淨去內臟，和枸杞一起煮湯，吃肉飲湯。

**註**：一方用白魚或其他魚代替鯽魚亦可。

### ▲豬肝蛋湯

主治：近視眼。

配方：豬肝150克，雞蛋1個。

用法：將豬肝洗淨切片，入鍋內加油煸炒，烹黃酒，加水煮沸，打入雞蛋，加鹽少許，服食。

### ▲銀杞明目湯

主治：肝腎兩虛之近視。

配方：銀耳20克，枸杞20克，茉莉花10克。

用法：上述各味水煎湯飲，每日1劑，連服數日。

### ▲羊肝粥

主治：肝血不足導致的近視、目昏等症。

配方：羊肝一具，蔥子30克，白米30克。

用法：將羊肝切細，白米洗淨。先將蔥子水煎取汁，加羊肝、白米煮爲稀粥。待熟後調入食鹽適量服食。

## ▲豬肝羹

**主治**：血不養肝，遠視無力。

**配方**：豬肝125克，蔥白15克，雞蛋1個，豉汁適量。

**用法**：將豬肝切成薄片，蔥白去鬚根，切成小段，入豉汁中作羹，臨熟，將雞蛋打勻，入湯內製成羹，單食或佐餐服食。

## ▲桂杞山萸眼

**主治**：近視。

**配方**：桂圓肉15克，枸杞子15克，山萸肉15克，豬（牛、羊）眼1對。

**用法**：豬眼洗淨加桂圓肉、枸杞、山萸肉隔火燉服之。

## ▲冰糖木耳

**主治**：高血壓眼底出血、紅眼目糊、視力不清。

**配方**：黑木耳適量，冰糖適量。

**用法**：將黑木耳洗淨，用清水浸泡一夜取出，蒸一小時，加冰糖。每次用黑木耳6克，冰糖適量，睡前服用，連服至症狀緩解爲止。

**註**：用本方加黑豆煮成羹亦可。

### ▲炒羊肝

**主治**：目暗昏花，夜盲，視神經萎縮，中心性視肉膜炎，白內障等。

**配方**：羊肝 200 克。

**用法**：羊肝洗淨切片，用素油爆炒，調以佐料，佐餐。

### ▲枸杞粥

**主治**：肝虛目暗，老年多淚，目眩等。

**配方**：枸杞子 30 克，大豆 100 克。

**用法**：同煮成粥。

### ▲豬肝粥

**主治**：眼生翳膜，爆發火眼，視網膜出血，虹膜睫狀體炎。

**配方**：薺菜200克，白米100克。

**用法**：同煮成粥。

▲豬肝粥

主治：各種慢性虛性眼病。

配方：新鮮豬肝 100～200 克，白米適量。

用法：豬肝洗淨切碎，與米同煮熟爛加調味料食之。

▲山藥枸杞瘦肉湯

主治：慢性虛性眼病。

配方：淮山 30 克，枸杞子 15 克，瘦豬肉 100 克（洗淨切碎）。

用法：加水煲至熟爛，加調味料食之。

## 健康小叮嚀

### 養睛明目的保健方法

中醫認爲，眼與全身臟腑和經絡的聯係密切，古代醫學家根據臨床實驗，總結了許多簡便而有效的養睛明目的方法，現介紹幾種眼睛保健法如下：

熨目法。黎明起床，先將雙手互相摩擦，待手搓熱後將手掌熨貼雙眼，反覆三次以後，再以食、中指輕輕按壓眼球，或按壓眼球四周。

運目法。兩腳分開與肩寬，挺胸站立，頭稍仰。瞪大雙眼，盡量使眼球不停轉動（頭不動），先從右向左轉10次，再從左向右轉10次。然後停，放鬆肌肉，再重複上述運動，如此3遍。此法於早晨在花園內進行最

好，能發揮醒腦明目之功效。

**低頭法。**身體採下蹲姿勢，用雙手分別握住兩腳五趾，並稍微用力地往上扳，用力時盡量朝下低頭，這樣有助於使五臟六腑的精氣上升至頭部，進而發揮營養耳目之作用。

**吐氣法。**腰背挺直坐姿，以鼻子徐徐吸氣，待氣吸到最大限度時，用右手捏住鼻孔，緊閉雙眼，再用口慢慢地吐氣。

**折指法。**每天早晚持續各做1遍小指向內折彎，再向後扳的屈伸運動。每遍進行30～50次並在小指外側的基部用拇指和食指揉捏50～100次。此法坐、立、臥姿皆可做，持續做，不僅能養腦明目，對有白內障和其他眼病者也有一定療效。

# 二、乾眼症

　　乾眼症是由於眼睛分泌的淚液的量或質出現異常，引起的淚膜不穩定及眼球表面損害，進而導致眼部不適症狀的一類疾病。

　　正常的眼表面覆蓋著一層淚膜，它是維持眼睛表面健康的基礎。淚膜由瞼板腺分泌的脂質、淚腺及副淚腺分泌的水樣液即眼淚、眼表上皮細胞分泌的粘蛋白組成，淚膜各種成分不足，會導致淚膜不穩定引起乾眼症。

　　正常的眼睛會不斷分泌淚液，然後透過眨眼，使淚液均勻地塗在角膜和結膜表面，形成淚膜，以保持眼球潤濕、不乾燥。所以，眨眼是一種保護性的神經反射動作。正常每分鐘眨眼約20次，若次數減少至10次左右，眼睛仍可維持淚膜的完整。但倘若長時間睜眼凝視變動快速的螢幕，眨眼次數常減少至每分鐘4～5次，就會出現眼睛乾燥痠澀的症狀。

現代人經常接觸電腦，尤其是年輕人。長期使用電腦的人普遍患有乾眼症，即容易眼乾、眼紅和疲倦。專家認爲這與使用電腦時眨眼次數不足有密切關係。三十多歲的人中乾眼症的發生率遠遠高於客觀檢查的陽性率。他們大多工作較忙，沒有時間到醫院就診。即使眼睛有不適症狀，也往往認爲是發炎了，隨便買點消炎類眼藥水應付了事，所以很容易罹患乾眼症。

## 乾眼症應該做哪些檢查？

1.裂隙燈檢查：瞭解角膜、結膜等眼前段結構的情況。

2.角膜螢光素染色：在結膜囊內滴一滴1％螢光素鈉，可以觀察角膜上皮的情況和判斷淚河的高度。

3.淚膜破裂時間（BUT）：BUT＜10秒爲淚膜不穩定。

4.淚液分泌試驗：將一個特製的濾紙條置於下穹隆內，觀察濾紙被淚液浸濕的長度，低於10mm/5min爲低分泌。

## 如何預防乾眼症？

1.使用電腦時，應多眨眼，每1～2小時要休息15分鐘。

2.螢幕應在視線之下。

3.為了避免反光和不清晰，電腦不應放在窗戶的對面或背面。

4.不要在黑暗中看電腦，因為黑白反差對眼睛有損害。

另外，還可以在電腦旁放一杯熱水，增加周邊濕度，以減輕眼睛不適的情形。多一份保養才多一份健康喔！

# 乾眼症對人有什麼危害？

人們一開始感到眼睛乾燥和疲澀時，眼睛只是處於功能性損傷的階段，但是如果這時還不注意保護眼睛，使眼睛繼續長期處於乾燥的狀態，就會引起角膜上皮細胞的脫落，造成器質性的損傷，使症狀進一步惡化，嚴重影響視力。專家提醒，在眼睛出現疲澀、乾燥和視力模糊等症狀時應該及時就醫。

已經出現乾眼症狀的人也不用太擔心，人體有一定的自我恢復功能，只要還沒有對眼睛造成根本性的損傷，乾眼症是可以治好的。其實治療的方法，最基本的還是保持眼睛的充分休息，盡可能不看電腦或少看電腦，還可以在醫生的指導下使用眼藥水。

## 乾眼症的治療方法有哪些？

由於乾眼症的原因各異，所以需要對不同患者進行個體化治療。

### 1.人工淚液

治療乾眼症最簡單的方法是使用人工淚液。人工淚液是水溶的溶液，滲透壓低於正常水準，不含營養素及生長因數，但含有多種鹽類及其他成分以調節滲透壓和粘性。一滴人工淚液是淚液體積的許多倍，滴眼時可以沖走碎屑及許多正常淚液層的成分。

### 2.薄霧製劑

天然淚液薄霧劑克服了一般人工淚液的弊端，使用不加添加劑及防腐劑的純水製成細小微滴，直徑在400微米，避免了滲透壓波動問題。當其些微滴落在眼表時，直接經過脂質層稀釋水樣層，而不沖走淚液的正常成分。

### 3.淚小點栓塞

栓塞淚小點可以減少淚液排出，增加淚液容積。這種方法適用於Schirmers值很低的病例，通常栓塞雙眼下淚小點。

### 4.淚液刺激劑

有兩類藥物可以刺激淚液產生，它們是擬副交感神經藥匹羅卡品和δ受體激動劑。匹羅卡品劑量為5mg，作用持續4～6小時。

### 5.抗炎藥物與免疫抑制劑

由於乾眼症症狀大多由眼表炎症引起，因此局部和全

身應用藥物來調整及控制炎症效果較好。全身應用強力黴素、二甲胺四環素或其他類型四環素可有效治療瞼緣炎和紅斑狼瘡。局部使用類固醇可明顯減輕眼表炎症，但因為副作用較多，應慎重使用並密切回診。

## 罹患乾眼症應多吃什麼？

應該多吃各種水果，特別是柑橘類水果，還要多吃魚和雞蛋，以及富含維生素A的食物，如動物肝臟、胡蘿蔔、番茄、紅薯、菠菜、豌豆苗、青椒、紅椒、紅棗等。

# 三、耳鳴

　　耳鳴是指人們在沒有任何外界刺激條件下所產生的異常聲音感覺。如感覺耳內有蟬鳴聲、嗡嗡聲、嘶嘶聲等單調或混雜的響聲，實際上周圍環境中並無相對的聲音，也就是說耳鳴只是一種主觀感覺。

　　耳鳴是聽覺功能紊亂而產生的一種症狀。耳鳴常與高血壓、神經衰弱或經常與藥物中毒、巨大聲音的震動引起鼓膜缺損有關。中醫認為本症是由腎氣虛弱、元精失固引起的。

　　根據耳鼻喉科專家說明，年輕耳鳴患者收入都不低。專家在經過診斷後，這些上班族耳鳴患者都不是病理性耳鳴，主要原因是由於工作壓力過大，精神長期處於高度緊張狀態造成的。

# 耳鳴會產生哪些危害？

**1.影響聽力：**非常響的耳鳴能夠干擾所聽的內容，常常聽到聲音但分辨不清別人在說什麼。

**2.影響睡眠：**耳鳴尤其在夜深人靜時特別厲害，使人入睡困難。即使入睡，也特別淺。有人訴說，睡眠不深時可以被耳鳴吵醒（耳鳴如同外界聲音一樣能夠吵醒主人）。因為半夜醒來後，耳鳴仍然持續不停，所以使人煩躁不安，輾轉難眠。

**3.影響情緒：**長期嚴重耳鳴會使人產生心煩意亂、擔心、憂慮、焦急、抑鬱等情緒變化。有的人寧願聽不見也不要耳鳴，可見其讓人難以忍受的程度。更有的人，因為到處求醫均被告之「不好治」、「沒有好辦法」等，就想到自殺。

**4.影響工作：**因為聽不清別人尤其是主管和老師的說話，而且得自己忍受著耳鳴帶來的巨大痛苦，卻常常不能被人理解，所以工作效率下降，對工作和求學也漸漸失去興趣。

**5.影響家庭生活：**因為耳鳴而長期求醫吃藥，帶來經濟損失甚至導致巨大經濟壓力。如果不被家庭成員所理解，則會影響家庭和睦。

**6.影響社交活動：**因為言語理解力差，聽不清別人說

話，自己又緊張、煩躁、苦悶，久而久之則不願參加社交活動。

## 耳鳴是怎樣產生的呢？

內耳是產生聲音的「工廠」，它的工作是將聲波的機械性能量轉化為電子能量，這樣，聲音才能隨著聽覺神經讓腦部接受，當這種能量轉化的過程出問題，就會產生「副產品」，這些副產品在嘈雜的工作環境中並沒有被接收，也就是聽不到，不過，在寂靜的地方，耳朵內就會聽到音頻很高的聲音。

耳朵轉化聲音能量的功能因年齡而退化，或因噪音使耳朵受傷害而功能減退，「副產品」就會被吸納得更多，變得更響亮，甚至在吵鬧的街道上都能聽到。造成耳鳴的原因，最常見的有3種：

(1)外耳或中耳的聽覺失靈，不能接收四周圍的聲音，內耳所產生的「副產品」就會變得清晰。

(2)內耳受傷，失去了轉化聲音能量的功能，「副產品」的聲量就會變得較強，即使在很嘈雜的環境中都能聽到。

(3)來自中耳及內耳之外的鳴聲：一些腎臟病患者，耳朵聽覺器官附近頭部或頸部的血管，血液的品質因腎臟病的影響而較差，使得血液供應和流通不太順暢，就會產生

一些聲音，抽煙者血管變窄，使血液流通受到一定程度的阻礙，也會造成同樣的後果。年老者也會因身體衰竭血液品質較差而出現這樣的問題。因為靠近耳朵，這些因血液不通暢而產生的聲音，對耳朵來說會被聽得一清二楚，造成耳鳴。

也有一些是因為對味精、鹽、咖啡因及酒精等過敏之故，各種原因都有，不一而足。

## 耳鳴——疾病的早期信號

耳鳴看似小病，然而原因複雜，很多時候耳鳴又是常見耳部和全身疾病的早期信號。那麼，哪些疾病可能出現耳鳴呢？

**1.耳部疾患** 其特點是多有耳病史，耳鳴以夜間為甚。根據病變部位不同，又分為傳導性耳鳴與感音性耳鳴兩種。當耳內異物、炎症腫脹發生阻塞、耳膜充血、內響、穿孔、中耳積液或感染、耳硬化等症，均會發生傳導性耳鳴。

**2.頸部疾患** 頸部腫痛或患有其他頸部疾病，壓迫了頸動脈時，會引起受壓的一側耳鳴。這種耳鳴的特點是持續性、低音調，耳鳴的程度可隨體位的變化而變化。

**3.噪音損傷** 短暫的強噪音或長期反覆的噪音（如職業噪音，搖滾樂和迪斯可音樂，強音量身歷聲耳機等）均

會導致聽力下降並伴耳鳴和暈眩，嚴重者還會出現幻聽及神經衰弱。

**4.藥物中毒**　應用大劑量奎寧、奎尼丁、氯喹等藥物均會引起劇烈耳鳴，但停藥後即好轉，大都不會影響聽力。

**5.神經衰弱**　耳鳴還與社會環境、心理因素明顯有關。當人的情緒憂鬱、焦慮不安時，也會出現耳鳴。有神經衰弱的人常出現耳鳴，這種耳鳴音調高低不定，多為雙側性，並伴有頭痛、頭昏、失眠、多夢等症狀。另外，身體虛弱時，由於血管張力不足，局部供血不良而引起耳鳴。中國醫學認為它是腎虛的表現。

**6.全身疾病**　罹患腎臟、肝臟疾病、糖尿病、結核病、慢性支氣管炎等，當這些疾病導致全身功能紊亂時，也會出現耳鳴症狀。耳鳴還與心血管疾病明顯有關，這是因為耳與心血管系統之間存在著生理上的關聯，耳與心血管的神經分佈在大腦和脊髓及其通路上有許多共同點，抽煙、高血壓、高血脂症等心血管疾病的危險因素，對耳蝸的影響比對心血管的影響更大，耳蝸對缺血、缺氧比心肌敏感。因此，耳鳴可作為心血管疾病的重要指標。

## 耳鳴應如何治療？

對於耳鳴患者，首先要查明究竟屬於哪種原因引起，然後根據具體情況處理：

1.過度疲勞及睡眠不足者應注意休息、保持足夠睡眠；情緒緊張、焦慮者要讓心情放鬆，必要時可服用一些鎮靜藥，如安定、非那根。六味地黃丸等中藥製劑對耳鳴也有一定的作用。

2.耳部疾病引起的耳鳴要積極治療耳部原發疾病。

3.有全身疾病者要同時進行治療，如高血壓病人要降低血壓，糖尿病人要控制血糖，貧血病人要改善貧血，營養不良或偏食者要注意補充營養等。

4.如果是因為用了耳毒性藥物如「慶大黴素」、「鏈黴素」或「卡那黴素」等而出現耳鳴，則應及時停藥和採取有力的醫療措施，以期消除耳鳴，恢復聽力。

## 耳鳴的中醫食療方

中醫將內傷性耳鳴（非外感所致）分為肝陽上亢、脾虛濕盛、氣血雙虧、腎虛等類型。除了用相對中西藥物外，持續食療也是簡便、有效的方法。

**1.芹菜紅棗湯：**芹菜200～400克，紅棗50～100克。將芹菜洗淨、切碎，和紅棗放入砂鍋內，加水四碗，煮至兩碗，分3次飲，連服5～7日。有清火熄風的功效。適用於肝陽上亢型。

**2.香菇木耳淡菜湯。**將香菇15克，淡菜30克（淡菜即貽貝）放入鍋內，加清水適量，武火煮沸後，改文火煮半

小時，再放入木耳10克煮沸10分鐘，加調味料後使用。有健脾利濕、消脂降壓的作用。 適用於脾虛濕盛型。

**3.米酒煮雞湯**。將薑30克切碎，雞肉600克，少許油，爆香雞及薑，加糯米酒（250毫升）煮約3分鐘，加入冰糖一湯匙及水約500毫升，煮至雞熟，再煮片刻即可。有益氣養血、補脾胃的作用。適用於氣血雙虧型。

**4.白木耳湯**。水發白木耳30克，放砂鍋內加水適量，待木耳熟透後，加入鹿角膠7.5克、冰糖15克，使之溶化、拌勻，熬透即可。分次或一次服用均可，每日一方。有補腎填精的功效。適用於腎虛型。

# 四、中耳炎

中耳炎，即中耳的炎性病變，俗稱「爛耳朵」，是鼓室粘膜的炎症。病菌進入鼓室，當抵抗力減弱或細菌毒素增強時就會產生炎症，其症狀為耳內疼痛（夜間加重）、發燒、惡寒、口苦、小便紅或黃、大便秘結、聽力減退等。如鼓膜穿孔，耳內會流出膿液，疼痛會減輕，並常與慢性乳突炎同時存在。急性期治療不徹底，會轉變為慢性中耳炎，隨體質、氣候變化，耳內會經常性流膿液，時多時少，持續多年。

中國有聽力殘疾者多達2000萬，因後天原因失聰的占80%以上。護耳應從年輕時開始，很多人的耳部疾患是在幼年種下的病根，常見如中耳炎，對聽力的影響是巨大的。

早期的中耳炎症狀，如耳鳴、輕微的耳痛、耳悶及堵塞感，常被患者忽視而失去了最佳治療時間。因此感冒後要留意一下自己的聽力，以便及早發現，及時治療。

## 急性化膿性中耳炎的治療

**急性化膿性中耳炎分兩步治療：**

⑴**全身治療：**積極進行病因治療，預防發生併發症。早期選用敏感抗生素，控制感染，防止轉變為慢性中耳

炎。

(2)**局部治療**：鼓膜穿孔前，耳道內滴用2％酚甘油以減輕耳痛和促進局部炎症消退。鼓膜穿孔後，以保持良好的引流為目的。局部清洗上藥，用1‰雷夫奴爾棉栓，有利於炎症消退。條件允許者，可配合物理療法，如蠟療、微波、半刺等，有助於止痛和消炎，並且縮短病程。

## 分泌性中耳炎的主要症狀和檢查？

### 分泌性中耳炎要做哪些檢查？

**1.耳鏡檢查**：急性期鼓膜充血、內陷、光錐變形或縮短，錘骨短突外突明顯；鼓室積液後鼓膜顏色改變，呈淡黃、橙紅或琥珀色；若病程較長，則鼓膜多灰暗、混濁。若分泌物為漿液性，且未充滿鼓室，可透過鼓膜見到液平面，呈凹面向上的弧形線，透過鼓膜有時可見到氣泡，咽鼓管吹張後氣泡增多；若鼓室內積液多，則鼓膜外突。

**2.聽力檢查**：音叉試驗及電測聽結果示傳導性耳聾，聽力損失平均20dB，嚴重者可達40dB。聲阻抗檢查對本病的診斷有重要意義，症狀為平坦型（B型），但早期可為高負壓型（C型）。

### 中醫中藥治療中耳炎

中醫將中耳炎稱為「耳膿」、「耳疳」。認為是因肝膽濕熱、邪氣盛行而引起。中藥治療中耳炎有虛實之分。

實症的主要症狀爲耳內脹悶、耳痛、臉色紅赤、聽力下降、耳鳴、耳道膿液黃稠。多見於急性化膿性中耳炎。中成藥可選用龍膽瀉肝丸、當歸龍薈丸、通竅耳聾丸治療。湯藥可選用經驗方：

　　銀花10克、連翹15克、公英10克、地丁10克、黃芩10克、黃柏10克、魚腥草10克、甘草10克、柴胡10克。

　　水煎服，每日兩次，每次150ml。

　　**外治法：**可用大蒜1瓣，蒸餾水10毫升，將大蒜洗淨搗爛取汁與蒸餾水混勻，滴耳，每日數次，1次數滴。療效頗佳。

　　虛症的主要症狀爲耳道流出膿色清稀、耳聾、耳鳴、臉色萎黃、頭昏眼花、四肢乏力，屬於脾腎氣虛。中成藥可選用歸脾丸、參苓白術丸治療。湯藥可用：

　　銀花10克、白芷10克、地膚子10克、魚腥草10克、野菊花10克，水煎服，每日2次。

　　見到患者耳內腫痛不堪，耳內膿出許久不乾，色黃不粘、微有腥臭，伴有頭昏耳鳴、心煩失眠、手足心熱、腰痠乏力等，屬於陰虛火旺。中成藥可選用知柏地黃丸、耳聾左慈丸治療。湯藥可選用：

　　知母10克、黃柏10克、山萸肉10克、山藥10克、丹皮10克、赤芍10克、澤瀉10克、竹葉6克，水煎服，每日2次。

除了內服藥外，可配合外治法：取五倍子（炒黑存性）3克，枯礬1克，研極細末，取少許吹入耳內，吹藥前應先將耳內分泌物擦乾淨。

**飲食療法：**可取冬瓜30克、鮮九龍吐珠葉13片，用1大碗水煎成半碗，每日1劑，連服5天。或取薏米18克、金銀花12克、柴胡9克、鱉甲15克、紅糖適量。將銀花、柴胡、鱉甲煎湯取汁，與另外二味煮粥服食，每日1劑，連服5天。

一旦罹患中耳炎，還可多食具有清熱解毒作用的新鮮蔬菜，如芹菜、絲瓜、茄子、薺菜、蓬蒿、黃瓜、苦瓜等。

## 中耳炎自療要注意的事項

(1)積極治療鼻咽部疾病，以免病菌進入中耳，引發炎症。

(2)不能強力擤鼻涕和隨便沖洗鼻腔，不能同時壓閉兩個鼻孔，應交叉單側擤鼻涕。

(3)挖取底部耳垢，應十分小心，宜先濕潤後才挖，避免損壞鼓膜。

(4)游泳上岸後，側頭單腳跳動，讓耳內的水流出，最好用棉花棒吸乾水分。

(5)急性期注意休息，保持鼻腔通暢。

(6)罹患慢性中耳炎者不宜游泳。

(7)加強體育鍛鍊，增強體質，減少感冒。

(8)忌食辛辣、刺激食品，如薑、胡椒、酒、羊肉、辣椒等。

(9)不要服熱性補藥，如人參、肉桂、附子、鹿茸、牛鞭、大補膏之類。

(10)多食有清熱消炎作用的新鮮蔬菜，如芹菜、絲瓜、茄子、薺菜、蓬蒿、黃瓜、苦瓜等。

(11)小蟲進入耳道，勿急躁、硬捉，可滴入食油泡死小蟲後捉取。

## 健康小叮嚀

**中耳炎治療偏方：**

新鮮韭菜汁5錢，加入明礬半錢，溶化後滴入耳內，一次1滴，一日2次，連用5天。

# 五、青春痘

青春痘，俗稱粉刺，學名痤瘡，是一種皮脂腺疾病，它的形成與雄性激素的分泌有關，因此男孩子長粉刺的明顯比女孩子還多，所以說青春痘更偏愛男孩。

男性進入青春期後，體內的雄性激素增高，刺激皮脂腺發育，使分泌物增多，如果毛囊口阻塞，分泌物排不出去積聚在毛囊內則容易形成粉刺。另外，粉刺的形成還與腸胃道吸收不良、精神狀態不穩導致的植物神經功能紊亂或維生素$B_1$、$B_2$、$B_6$等缺乏有關。

青春痘好發的部位因人而異，就是同一個人好發的部位也在不斷變化，常見發病部位有臉頰、前額、口角、下巴、頸部、後背、前胸等。可以採取一些預防措施，如盡可能少攝入肥肉、巧克力、糖、花生、咖啡及含糖較多的食品和辛辣、刺激的食物，也可適當補充維生素 B 群、多吃水果和蔬菜。

青春痘與現代生活的壓力大、工作上的競爭激烈有關；另外亂用化妝品、荷爾蒙不平衡也都可能與此有關。無論如何，長了青春痘，應向皮膚科醫生詢問有關治療上的問題，平時使用純天然無副作用的專業去痘產品進行護理。

## 青春痘有什麼樣的症狀？

　　1.青春痘為位於毛囊口，分白頭粉刺和黑頭粉刺兩種，在發展過程中會產生紅色丘疹、膿皰、結節、膿腫、囊腫及疤痕。

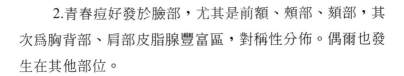

　　2.青春痘好發於臉部，尤其是前額、頰部、頦部，其次為胸背部、肩部皮脂腺豐富區，對稱性分佈。偶爾也發生在其他部位。

# 長了青春痘應該做什麼檢查？

1.血常規。

2.標本塗片染色。

3.病理檢查。

# 青春痘應如何治療？

**1.一般治療：**改變飲食習慣，少吃脂肪、糖類及刺激性食物，多吃蔬菜、水果。常用溫熱水、肥皂洗滌患處。避免用手擠挖。避免使用含油脂較多的化妝品和長期使用碘化物、溴化物及皮質類固醇激素等藥物。

**2.全身治療：**抗生素類（土黴素，四環素，克拉黴素）、維甲酸類、內分泌療法、微量元素療法、氨苯楓。

**3.局部治療：**消炎、殺菌、去脂。

**4.物理治療。**

# 怎樣抑制痘痘再生？

長痘痘的皮膚要細心呵護，平時要注意以下的事項。

**1.禁止對你脆弱的皮膚進行強挖、擠壓、用力搓洗等大動作。**可以使用油脂特護潔面泡沫或青春痘專用洗面乳清潔臉部。

**2.絕對禁止使用磨砂膏和化妝水：**磨砂膏和化妝水會過度刺激表皮，惡化已發炎的皮膚狀況，同時也會激化皮脂腺的分泌，使情況更糟，但可以使用溫和的收斂噴霧收斂調理皮膚。

**3.**注意使用能控制、清潔油脂功能的護膚產品。

**4.**注意所選用的化妝品是否含油質的素水性配方。有青春痘的朋友，有時適度地塗抹一些粉底，可以發揮遮蓋和美化的效果，但在選用口紅和粉底時，要注意避免油溶性產品，以免使青春痘惡化。

**5.注意個人衛生：**常常保持將頭髮梳在腦後不要留瀏海，以免頭髮上的灰塵和油污感染青春痘。髮膠、定型劑中的固定劑成分一旦噴在皮膚上，很容易造成毛孔的堵塞，油脂和污垢更不容易清洗乾淨，因此臉部要遠離它。

**6.注意防曬措施：**陽光中的紫外線，一旦經青春痘的傷口，直射穿透表皮層，就會在傷口部位形成黑色的斑點，即使在青春痘消失以後，仍會留下像黑斑一樣的灼傷痕跡，所以外出一定要記得塗防曬油。

## 改變飲食去除痘痘

青春痘發病原因複雜，治療也較困難，復發率也很高。其實只要在日常飲食中稍加注意，就可輕鬆解決這個難題：飲食宜清淡，少食油膩、辛辣、刺激、過甜食物，火腿、香腸等醃製食品及巧克力、咖啡、酒類也應少吃、少喝。多吃清淡的蔬菜、水果，保持消化道順暢。

**下面是一些有利於治青春痘的食品：**

**豆漿：**直接飲用有助痤瘡消退。

**黃豆芽湯：**將黃豆芽洗淨加適量水先用大火煮沸後再用小火煮30分鐘，連湯食用。

**蒜汁：**將大蒜壓汁，倒入溫水中洗臉，對痤瘡有明顯治療效果。

**檸檬汁：**將檸檬榨汁倒入溫水中洗臉，可減少皮脂分泌，清爽消炎。

## 青春痘患者的飲食兩忌

　　人們常說：「病從口入。」因此靠飲食戰「痘」，一定要注意忌口。

　　**一忌：忌肥膩厚味**。中醫認爲痤瘡源自於過量食用肥膩食物，所以應盡量少吃肥肉、油煎等油膩食物及高精食品。

　　**二忌：忌辛辣溫熱**。因爲辛辣食物易刺激神經和血管，容易引起痤瘡復發。同時含刺激性的咖啡、狗肉等也要避免食用。

# 六、雀斑

雀斑，是常見於臉部較小的黃褐色或褐色的色素沉澱斑點，爲異常染色體顯形遺傳，尤以夏季較爲嚴重，病變的發展與日曬有關。雀斑多見於女性，夏季的時候，日曬皮損加重，冬季減輕。皮損爲淡黃色、黃褐色或褐色斑點，呈圓形、卵圓形或不規則形，主要集中在臉部，尤其是雙眼到兩顴凸出的部位。

雀斑的形成主要是由於皮膚表皮基底層的黑色素細胞生成的黑色素過多所致。黑色素來自於乳酪等食物內所含的酪氨酸，在體內酶的作用下，酪氨酸轉化成二羥苯丙氨

酸，然後氧化，生成的促黑激素由於某些原因增多時，就會引起色素代謝障礙，出現皮膚雀斑。

雀斑是一種單純的淺棕色或褐色皮膚斑點，多數長在臉部，雖不影響健康，但直接影響美容。所以，許多男女青年求醫問診的心情非常迫切。

## 雀斑的治療方法

目前治療雀斑的方法有很多種，基本原理是防曬和脫色。現在市面上防曬用品較多，內含氧化鋅、二氧化鈦或對氨苯甲酸等物質。在夏季戶外活動時應戴上遮陽用具，在皮膚上塗抹SPF15～30、PA＋＋～＋＋＋的防曬油，每2～3小時重複塗抹一次，避免陽光直接照射。現在介紹幾種醫學上的治療方法：

**化學剝脫法（化學燒灼法）：**是利用酸性較弱的混合物（5％石炭酸與等體積35％三氯醋酸混合）薄薄地均勻塗在患部，10天左右痂皮脫落，形成一層鮮嫩的皮膚。

**冷凍療法：**是將低溫液氮噴在色斑處，使色斑處局部溫度迅速降低，皮膚淺層組織凍死，依據雀斑深淺決定治療次數，一般為5至7次。

**染料鐳射手術：**用鐳射發出的高能量點擊色斑處，擊碎色素顆粒而達到治療作用。

**機械磨削術：**是利用高速轉動的砂輪磨去色素所在的

淺層皮膚，術後用含抗菌素的紗布覆蓋以保護創面，約10天左右癒合，適合比較嚴重的雀斑患者。

經過上述幾種手術方法處理，短期內創面都會出現皮膚變黑，隨之慢慢消失，術後口服維生素C可促進色斑的消退。同時應注意避免強烈陽光及紫外線照射，使用防曬油。需要強調的是目前所有的治療方法，其療效因人而異，即使當下有好的療效，也不能保證以後不復發，而且這些治療均應在正規醫院進行。

治療雀斑的外用製劑在醫院和商場中均有，市面上所販售的去斑霜一般含有維甲酸、果酸、氫醌、白降汞或其他低濃度腐蝕劑，以剝脫色斑達到治療效果，同樣也不能確定以後就不復發了。偽劣的去斑產品往往含有較高濃度的汞或酸物質，長期使用可能會引起皮膚和系統性疾病，患者購買該類產品時，應當注意產品包裝上是否有標明特殊用途化妝品的衛生批准文號、成分及副作用，防止商家誇大宣傳產品療效、誤導消費者。

## 能消退雀斑的幾種食物

雀斑是發生在顏面、頸部、手背等日曬部位皮膚上的黃褐色斑點，由於它會影響一個人的皮膚品質，因此，許多人希望能清除或使之減少，下面就介紹一些長雀斑的人應該多吃的食物，以及一些用日常食物製成的中醫驗方。

下列食物都是含維生素C較多的食品，應經常服用：

荔枝、龍眼、核桃、西瓜、蜂蜜、梨、紅棗、韭菜、菠菜、橘子、蘿蔔、蓮藕、白菜、冬瓜、番茄、大蔥、柿子、絲瓜、香蕉、芹菜、黃瓜。

下列食物都是含維生素E較多的食品，應該經常服用：高麗菜、胡蘿蔔、茄子、菜籽油、葵花籽油、雞肝。

### 驗方選例：

**1.杏紅泥：**杏紅30克（搗爛），雞蛋蛋清適量，二者調勻，每晚睡前塗抹於患部，次晨用白酒洗掉，直到斑退。

**2.香菜水：**帶根香菜適量，洗淨加水煎煮，用菜湯洗臉，久用見效。

**3.冬瓜瓤汁：**鮮冬瓜瓤適量，搗爛取汁液塗患部，每天2次。

**4.櫻桃汁：**新鮮櫻桃適量，絞汁塗抹於患部，每日2次，有消除雀斑的作用。

## 吃荔枝防雀斑

可別小看這外表紅紅、內裡白得晶瑩剔透的荔枝，它還有美容之功效呢！根據營養師說，荔枝擁有豐富的維生素，若吃得適量，可促進微細血管的血液循環，防止雀斑產生，使皮膚更見光滑。營養師更稱，吃10粒荔枝已超過了1個成人每日對維生素的需求。營養師更建議愛美的女

士們，若有心以荔枝來美容，可以每次吃約 10 粒荔枝，但謹記每週不可吃超過 3 次以上。

在中醫古書《開寶本草》中記載：「荔枝有益人顏色的功效。」難怪唐朝大美人楊貴妃愛吃荔枝呢！根據研究，荔枝含有糖、檸檬、蛋白質、果膠、維生素 C、磷、鐵等，能讓皮膚健美、臉色紅潤，當然贏得了愛健康更愛美的現代人的青睞。

## 雀斑的自我護理

1.皮膚清潔：以去除被氧化的油脂及污垢為目的，每天三至四次。

2.去除衰老的角質細胞、被氧化的組織細胞、上浮的色素及色素細胞，啓動基底細胞的正常代謝，以植物酵素、活性水解酶等作為去角質劑，第一週可以每天自我進行一次，美容院每週可以進行兩次，以後可以視情狀而定。

3.加速表皮下血液循環，促進組織細胞物質交換，補充基底細胞分類代謝的營養物質，如：生長刺激因數、乳酸、果酸、紅外線鐳射，美容院每週進行一至兩次，以後可以視情狀而定。

4.對皮膚進行安撫處理；皮膚發紅、發熱時要對皮膚及時進行安撫處理，防止皮膚因變態反映造成一系列光化學反應而形成新的皮膚問題。

5.補充皮膚水分：保濕因數、清瓜萃取液、海藻萃取液、低濃度A.H.A製劑、蘆薈製劑等，每3～4小時對皮膚進行一次水分補充。

6.延長水分在皮膚裡的停留時間：用皮膚保濕劑對皮膚進行有效保濕，防止皮膚水分過快蒸發，如：粉製劑、蘆薈分子膠、月見草油等。

7.對皮膚進行保護隔離，防止有害氣體、紫外線、氧化自由基等對皮膚的傷害，如：花粉日霜、月見草油日霜等。

8.補充皮膚細胞核分裂時所需營養，如花粉類製劑、表皮細胞生長因數等，每天晚上十點前進行一次。

## 健康小叮嚀

### 防治雀斑的小妙方

1.每天吃一粒維生素C和維生素E，可達到去斑的作用。

2.用乾淨的茄子皮敷臉，一段時間後，小斑點就不那麼明顯了。

3.每天喝一杯番茄汁或常食用番茄，對去斑有較好的作用。因爲番茄中含有豐富的谷胺甘肽，谷胺甘肽可抑制黑色素，進而使沉澱的色素減退或消失。

4.洗臉時，在水中加1～2湯匙的食醋，有減輕色素沉澱的作用。

5.將新鮮蘿蔔切碎擠汁，取10～30毫升，每日晚上洗完臉後塗抹於臉上，待乾後，洗淨。此外，每日喝一杯胡蘿蔔汁，可美白肌膚。

6.將檸檬汁攪汁，加糖水適量飲用。檸檬中含有大量維生素C、鈣、磷、鐵等。常飲檸檬汁不僅可美白肌膚，還能使黑色素沉澱，達到去斑的作用。

# 七、皮膚過敏

每逢季節轉換、溫差懸殊或溫熱潮濕時，許多年輕人，特別是女性常會發生皮膚過敏的現象。一旦發生過敏，就會全身皮膚奇癢、起疹塊和鱗屑、脫皮、臉部紅白不一、斑駁陸離，令人痛苦不堪。

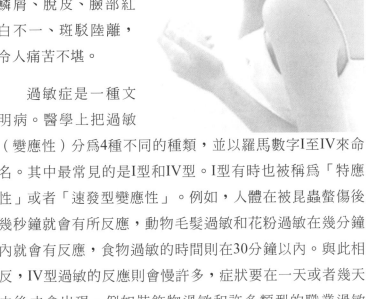

過敏症是一種文明病。醫學上把過敏（變應性）分為4種不同的種類，並以羅馬數字I至IV來命名。其中最常見的是I型和IV型。I型有時也被稱為「特應性」或者「速發型變應性」。例如，人體在被昆蟲螫傷後幾秒鐘就會有所反應，動物毛髮過敏和花粉過敏在幾分鐘內就會有反應，食物過敏的時間則在30分鐘以內。與此相反，IV型過敏的反應則會慢許多，症狀要在一天或者幾天之後才會出現。例如裝飾物過敏和許多類型的職業過敏等。因此，人們把其稱為「遲發型變應性」。

皮膚過敏的發病原因包括內在因素、外在因素兩大方

面：

內在因素就是本身具有過敏體質，這在皮膚過敏的發病中發揮主導作用。及早徹底脫離過敏體質是治療皮膚過敏、防止復發的關鍵。

外在因素也很多。包括飲食、吸入物、氣候、接觸過敏物因素等。其中海鮮、蛋白質，辛辣食品、酒、吸入花粉、塵蟎、寒冷天氣、接觸化學物品、肥皂、洗滌劑等是皮膚過敏最常見的誘因。由於如此複雜的原因，使得皮膚過敏因眾多的發病原因和誘發因素交織在一起而反覆發作。

隨著年齡的增長，人到了三十歲，皮膚分泌功能開始退化，皮膚會變得較薄，它的保護層功能亦隨之減弱。而且，如果皮膚長期暴露在陽光或空氣污染的環境中、煙霧、灰屑、紫外光UVA和UVB，以及紅外線，均會損害皮膚，因為它們產生的游離子會破壞皮膚的脂質保護層。

此外，現代人壓力過大、精神緊張和情緒低落，都會減弱皮膚的天然抵抗力，導致它的自我修護機能亦隨之減慢，再加上內分泌紊亂，這些因素都會造成皮膚過敏。

## 皮膚過敏有哪些症狀？

敏感性皮膚往往在成年後才會出現，其根本原因在於皮膚角質層薄弱、表面皮脂膜不足、酸鹼值紊亂，一旦受

到某些物質的刺激就容易出現紅腫、發癢症狀，甚至起水泡。

**臨床症狀為：**

1.皮膚粗糙，有小丘疹。

2.皮膚發紅，這是由於炎症刺激毛細血管擴張造成的。

3.乾燥、脫皮。

## 皮膚過敏的治療方法

對於皮膚過敏，臨床多採用抗組織胺類藥物治療。其雖能抑制組織胺釋放量，但作用也很有限，對許多過敏症

狀不具效用，而且還有副作用。有些抗組織胺劑會令人昏昏欲睡和頭腦遲鈍。過敏症研究專家認為，最有效的措施是找出過敏誘發因數，避免再接觸這種物質。但要在2萬餘種不同的誘發因數中準確地找到致病的因數，不是件容易的事情。

為檢測一種物質的致敏反應，醫生需要做各種不同的皮膚測試，費時、費事。更因為許多致敏物質是不可能完全避免的，比如藥物和昆蟲等防不勝防。所以，過敏性皮膚的人欲擁有完美的皮膚，主要應從日常精心呵護肌膚做起，設法降低皮膚的致敏性，隨著日月的推移，人近中年後發病率會逐漸降低。必要時可採用脫敏治療法。

## 敏感性皮膚護理常識

如果把皮膚比喻為人的性格，那麼最難纏的莫過於敏感的人，敏感性皮膚對所有的一切都那麼難適應，動不動就會皮膚脫屑，出現紅斑或濕疹，感覺有發燙、燒灼、針刺或瘙癢等。

排除這些疾病，對於外部原因引起的皮膚敏感，是可以預防和有效防護的，接下來為您推薦一套有效的方法。

### 敏感性皮膚的護理：

**1.如果皮膚敏感**，首先最重要的一點是要鎮靜皮膚，皮膚是離不開水的，水是鎮靜皮膚最好的材料，比如礦泉

噴霧，它能夠讓皮膚首先鎮靜下來。

**2.補充維生素**：維生素A、B、C都是皮膚代謝不可缺少的物質，能提高皮膚的抵抗力，免遭外界對皮膚的侵襲，尤其是維生素C有抗過敏作用，新鮮的蔬菜、水果含有較多的維生素C，都是很好的防過敏食品。

**3.選用安全的清潔產品**：對很敏感的皮膚，必須使用安全的產品才能有效保護，在皮膚的表面形成保護膜使之不受侵害。

**4.防曬**：皮膚對紫外線敏感，容易出現曬斑、日光性皮炎，需要塗防曬油隔離紫外線，保護皮膚免遭侵襲。

**5.保濕**：如果皮膚出現過敏，要用安全有效的護膚產品，保護皮膚的水分，保濕是保持皮膚健康的基礎。

## 敏感性皮膚應該怎樣選用化妝品？

對於皮膚容易敏感的人而言，用慣了的化妝品最好不要隨便更換，若要使用新的化妝品，應先做皮膚試驗，方法是將新的化妝品塗抹在手腕內側皮膚比較細嫩的地方，留置 24 小時，以觀察其反應，若是出現異常反應，如發炎、泛紅、起斑疹等，就必須避免使用該化妝品，如沒有不良反應則可以使用。

如果發現自己對化妝品有敏感反應，便應停止使用，切勿因一時愛美而使肌膚惡化。敏感性皮膚的人最好不要

化濃妝，不要使用含有太多香料的化妝品。

敏感性皮膚的人在選擇化妝品時，也可以注意購買有抗過敏成分的保養品，這樣就能免除後顧之憂了。

### 化妝品中的抗敏感成分：

**1.**山楂萃取物：其中含有類黃鹼素物質，可作用於靜脈組織的營養功能，降低血管壁的穿透力，強化微血管壁，幫助血液流通，防止血管擴張，並可防止及消除浮腫現象。

**2.**銀杏萃取液：是幫助增加血液流量的物質，可治療血液循環不良的毛病。同時也是一種抗氧化劑，可減少自由基對皮膚的傷害，因此可以預防皮膚的敏感反應，尤其是光敏感反應。

**3.**甘草萃取液及甘草酸：具有抗發炎的作用，可預防皮膚受到刺激時的敏感現象。

**4.**洋甘菊萃取物：特別是油性洋甘菊萃取液中含有

BISABOLOL及AZULENE兩種成分，對皮膚具有抗發炎的效果，可以防止皮膚的敏感反應。

**5.蘆薈凝膠：**對皮膚的曬傷、燙傷有舒緩及鎮靜作用，也常被添加在抗敏感刺激的化妝品裡。

**6.葡萄寡糖：**這是一種新的抗敏感成分，可以被皮膚的有益菌分解而吸收其營養，有助於皮膚的生物平衡。

**最後要強調的是：**對於敏感性皮膚的人，過分呵護及置之不理都是不對的。過多的產品及太繁雜的護膚程序，更不是改善過敏的有效辦法；但什麼也不用同樣是不行的，因為缺乏滋潤，可能會出現更嚴重的脫皮現象，缺乏防曬呵護，可能使肌膚變得粗糙或導致不均勻色素出現。

護理敏感皮膚，潔膚、爽膚及潤膚是基本程序，其中爽膚可視個人需要而定，但要選擇一些具舒緩性且不含酒精的，至於磨砂、面膜，一至兩個星期做一次已足夠，且要小心選擇，如美白、抗皺，除非真的需要，否則最好待敏感現象好轉後再選用，預防及改善敏感肌膚要有莫大的耐性，不要隨便塗抹產品，要讓肌膚有「休養」的機會，這是最重要的。

國家圖書館出版品預行編目資料

30歲健康學習手冊／胡建夫著
－－第一版－－台北市：知青頻道出版；
紅螞蟻圖書發行，2009.10
面　　公分
ISBN 978-986-6643-91-0 (平裝)

1.家庭醫學　2.病徵　3.食療　4.健康法
410.46　　　　　　　　　　98017869

# 30歲健康學習手冊

作　　者／胡建夫
美術構成／Chris' office
校　　對／周英嬌、楊安妮、朱慧蒨
發 行 人／賴秀珍
榮譽總監／張錦基
總 編 輯／何南輝
出　　版／知青頻道出版有限公司
發　　行／紅螞蟻圖書有限公司
地　　址／台北市內湖區舊宗路二段121巷28號4F
網　　站／www.e-redant.com
郵撥帳號／1604621-1　紅螞蟻圖書有限公司
電　　話／(02)2795-3656 (代表號)
傳　　眞／(02)2795-4100
登 記 證／局版北市業字第796號
數位閱聽／www.onlinebook.com
港澳總經銷／和平圖書有限公司
地　　址／香港柴灣嘉業街12號百樂門大廈17F
電　　話／(852)2804-6687
新馬總經銷／諾文文化事業私人有限公司
新 加 坡／TEL:(65)6462-6141　FAX:(65)6469-4043
馬來西亞／TEL:(603)9179-6333　FAX:(603)9179-6060
法律顧問／許晏賓律師
印 刷 廠／鴻運彩色印刷有限公司
出版日期／2009年 10 月　第一版第一刷

定價 320 元　港幣 107 元

ISBN 978-986-6643-91-0　　　　　　　Printed in Taiwan